普通高等学校“十四五”规划力学类专业精品教材

工程力学实验

主　编　邵俊华

副主编　陈　浩　司剑峰　蒋　培　黄　健

华中科技大学出版社

中国·武汉

内 容 简 介

本书涵盖了"工程力学"课程教学大纲要求的全部实验内容，注重学生自主学习和综合分析能力的培养，主要内容包括：金属材料力学性能测试实验，应力应变测量实验，光弹性测量实验等。金属材料力学性能测试实验包括金属材料的拉伸、压缩、扭转、剪切破坏及冲击破坏等实验。应力应变测量实验包括电阻应变片的粘贴实验，电阻应变片测量原理及接线实验，梁弯曲正应力测量实验，弯扭组合变形实验，电阻应变片灵敏度系数标定实验，电阻应变片横向效应系数的测定，金属材料弹性模量和泊松比的测定，等强度梁冲击动应力测量实验，另外设置了五个与工程实际结合紧密的综合性电测试验，分别为：三角架结构应力与内力测量实验，叠梁、复合梁应力测量实验，桁架与刚架应力与内力测量实验，曲梁与拱结构内力测量实验，螺栓松动的实验研究，希望通过这些实验，启发学生打开解决此类工程问题的思路。光弹性测量实验包括光弹性仪认识与操作实验，对径受压圆盘光弹性实验。

本书可作为高等学校工科相关专业本科学生的工程力学实验教材，也可作为相关专业研究生的选修或自学教材。

图书在版编目(CIP)数据

工程力学实验/邵俊华主编. —武汉：华中科技大学出版社，2021.8（2023.10重印）
ISBN 978-7-5680-7383-7

Ⅰ.①工… Ⅱ.①邵… Ⅲ.①工程力学-实验 Ⅳ.①TB12-33

中国版本图书馆 CIP 数据核字(2021)第 163069 号

工程力学实验
Gongcheng Lixue Shiyan

邵俊华 主编

策划编辑：胡周昊
责任编辑：吴 晗
封面设计：廖亚萍
责任监印：周治超
出版发行：华中科技大学出版社（中国・武汉） 电话：(027)81321913
武汉市东湖新技术开发区华工科技园 邮编：430223
录 排：华中科技大学惠友文印中心
印 刷：武汉开心印印刷有限公司
开 本：787mm×1092mm 1/16
印 张：7
字 数：163 千字
版 次：2023 年10月第 1 版第 2 次印刷
定 价：19.80 元

前　　言

工程力学实验是工程应用和科学研究中必不可少的重要环节，主要涉及各种工程材料（比如金属、陶瓷、高分子材料和复合材料）在各种环境条件下的力学性能测试以及对各种工程结构进行应力、应变和位移测量的实验应力分析等。

材料力学性能，也称机械性能，是指材料在力、温度和其他介质的作用下所表现的力学行为，主要表现为材料的变形和破坏，材料的力学性能主要有：强度、刚度，弹性、塑性，冲击韧度、疲劳和断裂韧度等，反映了材料抵抗变形和破坏的能力。材料力学性能指标是对材料力学性能的定量描述。强度指标有屈服极限、强度极限、条件屈服极限；弹性常数有 E、μ、G 等；塑性指标有截面收缩率、延伸率、冲击韧度、断裂韧度指标（K_{IC}、δ_C、J_{IC}）等。

材料的力学性能取决于材料的内在化学成分，组织结构，冶金质量和内部缺陷等；也取决于它的外在因素，如载荷性质（静载、动载、冲击载荷和交变载荷），应力状态（如拉、压、剪、扭、弯曲及它们的组合），环境温度、介质的影响。通过对材料在不同条件下的力学性能的测试，可以为工程结构的选材及预防失效提供可靠的依据。

实验应力分析是用实验方法测定构件中的应力和变形，是研究工程强度问题的一个重要手段，应用实验应力分析，可解决下列问题：

(1) 对应力分析的理论计算方法进行验证或校核，并可从实验中探索规律，为理论工作提供前提条件。

(2) 在设计过程中，可测定模型中的应力或变形，根据测定的结果来选择构件最合适的尺寸和结构形式。

(3) 采用实验应力分析方法可测定现有设备中各构件的真实应力状态，找出最大应力的位置及数值，从而评定构件的安全可靠性，并为提高构件利用率和承载能力给出依据。

(4) 可对破坏或失效的构件进行分析，提出改进措施，防止再次出现破坏或失效现象。

(5) 测定构件在工作过程中所受载荷大小及方向，或测定影响载荷情况的各种运动参数（例如位移、加速度等）。

随着电子技术、激光技术、信息技术和计算机技术的发展，实验应力分析手段也得到了迅速的发展，各种新的实验应力分析方法层出不穷，这些方法不仅能测量应力和变形，而且可测定压力、加速度、裂纹扩展位移和速率以及构件的残余应力。

本书由邵俊华任主编，陈浩、司剑峰、蒋培、黄健任副主编。具体编写分工为：陈浩编写第一部分的实验四，第二部分的实验一、实验十一；司剑峰编写第一部分的实验一，第二部分的实验三；蒋培编写第二部分的实验四；黄健编写第一部分的实验三；其他内容由邵俊华编写。全书由邵俊华统稿。

由于编者水平有限，书中难免存在错误和不足之处，敬请读者批评指正，多提宝贵建议，便于我们进一步完善和修订。

作　者

2021 年 3 月于武汉

目　　录

第一部分　金属材料力学性能测试实验

第二部分　应力应变测量实验

第三部分　光弹性测量实验

第一部分　金属材料力学性能测试实验

概　述

材料的力学性能，也称为材料的机械性能，是指材料抵抗外加载荷引起的变形和断裂破坏的能力。工程结构中使用的各种材料，受到外载荷作用后，都会产生变形，载荷大小和载荷作用时间的长短，都会影响变形的发展，甚至会引发材料的断裂破坏。材料在外载荷作用下所表现出来的变形与断裂等行为被称为材料的力学行为。材料的力学行为是由材料本身的组成元素、组织结构、冶金质量和内部缺陷等决定的，是材料本身固有的特性。材料的力学行为也受它的外在因素，如载荷性质（静载、动载、冲击载荷和交变载荷），应力状态（如拉、压、剪、扭、弯曲及它们的组合）以及环境因素（如温度、介质或加载速率等）的影响。因此，研究材料的力学行为，必须兼顾外载荷的作用和环境因素两个方面。

工程中常用的金属材料，在受到外力作用时所表现出的强度、刚度、塑性、硬度和韧度等力学性能是不同的。比如，某些塑性较好的材料受压与受拉时表现出大致相同的力学性能；而某些脆性材料的抗压强度很高，抗拉强度却很低等。材料的力学性能一般用定量的力学性能指标来反映，常用的力学性能指标包括屈服极限、强度极限、断后伸长率、断面收缩率、断裂韧度或冲击韧度、疲劳极限等。这些力学性能指标是通过相应的力学实验测得的，为便于合理选用工程材料以及满足金属成形工艺的需要，测定材料的力学性能是十分必要的。本章涉及的金属材料拉伸、压缩、扭转实验是在常温、静载、单向受力状态下完成的，是测定材料的力学性能最常用最基本的实验。而冲击破坏实验则是利用能量交换的原理来表征冲击韧度指标。

金属材料性能检测试验是在相关国家标准指导下进行的规范性实验方式，这些标准包括 GB/T 228.1—2010《金属材料　拉伸试验方法　第 1 部分：室温试验方法》、GB/T 7314—2017《金属材料　室温压缩试验方法》、GB/T 10128—2007《金属材料　室温扭转试验方法》、GB/T 6400—2007《金属材料　线材和铆钉剪切试验方法》、GB/T 229—2020《金属材料　夏比摆锤冲击试验方法》等。国家标准不仅对实验的温度条件有明确的界定，同样对试样的加工制作、实验现象的解释、实验数据的采集及实验结果的修约有要求，国家标准的制定，保证了实验过程的规范性，同时也确保实验数据具有可比性和通用性。只有通过实验获得的力学性能的测试结果，才能真正为工程结构的选材及预防失效提供可靠的依据。

实验一　金属材料拉伸实验

拉伸实验是材料力学性能测试的基本、常用实验。它通过对各种材料在常温、静载(均匀、缓慢加载)、轴向受力状况下进行的拉伸破坏,测出材料弹性模量、比例极限、屈服极限、强度极限、断后伸长率和断面收缩率等重要力学性能指标。材料的拉伸性能指标是分析工程构件强度设计是否合理、评定材质工艺优劣及分析构件受力破坏原因的重要依据。

一、实验目的

(1) 测定低碳钢的下屈服强度 R_{eL}、上屈服强度 R_{eH}、抗拉强度 R_m、断后伸长率 $A_{11.3}$ 和断面收缩率 Z。

(2) 测定铸铁的抗拉强度 R_m。

(3) 观察低碳钢和铸铁在拉伸过程中的各种现象。

(4) 掌握万能材料试验机自动测试系统的操作方法。

二、实验设备

(1) 微机控制电子万能材料试验机。

(2) 试件划线机。

(3) 游标卡尺。

三、实验标准

金属材料的拉伸实验依据国家标准 GB/T 228.1—2010 执行。本实验采用低碳钢和铸铁作为塑性材料和脆性材料的代表,进行破坏性实验。

四、实验试样

试样的尺寸和形状对实验结果有影响,为了避免这种影响,使得所测各种材料的力学性能指标具有可比性,国家标准《金属材料　拉伸试验　第 1 部分:室温试验方法》(GB/T 228.1)对试件尺寸和形状的加工制作有统一规定。

拉伸试样一般采用圆棒形(见图 1.1(a))和板形(矩形截面)(图 1.1(b))两种形式。每个试样由三部分组成,即夹持部分、过渡部分和工作(平行长度)部分。

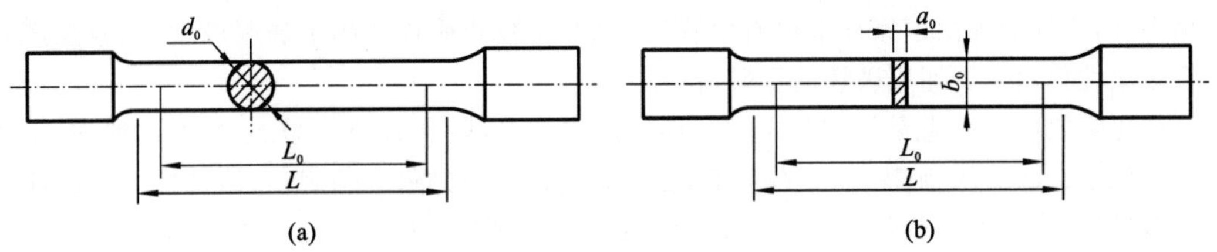

图 1.1　常见拉伸试样

(a) 圆棒形试样;(b) 板形试样

工作部分必须保持光滑均匀以确保材料表面的单向应力状态,均匀部分的有效工作长

度 L_0 称为原始标距。在图 1.1 中，d_0、S_0 分别表示圆棒试样工作部分的直径和截面积，a_0、b_0 是板形试样工作部分的厚度和宽度。过渡部分是加工过程中形成的，必须保持适当的圆弧过渡并足够光滑，以降低应力集中，保证实验过程中该处不会首先断裂。夹持部分用以传递载荷，其形状和尺寸应与试验机钳口相匹配。工作部分长度 L，圆形试样的工作部分长度不小于 L_0+d_0，矩形试样的工作部分长度不小于 $L_0+b_0/2$。

实验中如果因原材料尺寸或其他原因不能采用标准试样时，可选用比例试样或定标距试样：

比例试样 $$L_0=K\sqrt{S_0}$$

式中：K——系数，通常为 5.65 或 11.3，$K=5.65$ 时称为短试样，$K=11.3$ 时称为长试样；

S_0——试样工作部分截面积。

对圆棒试样来说，短试样和长试样的标距分别等于 $5d_0$ 和 $10d_0$。

定标距试样的 L_0 与 S_0 无上述关系。国家标准推荐采用 $L_0=5d_0$ 圆试样。实验室如果没有采用 $L_0=5d_0$ 试样，则应在测试报告中明确标注。

本实验采用 $d_0=10$ mm，标距 $L_0=100$ mm 的圆棒长比例试样。

五、实验原理

1. 低碳钢拉伸

低碳钢拉伸的载荷-变形（F-Δl）曲线，或者称拉伸曲线，如图 1.2(a)所示。实验过程有明显的四个变形阶段显示。

弹性阶段（OS）：这一阶段的拉伸曲线是一条斜直线，伸长变形基本是弹性变形，此时卸载，试样基本可恢复原状，几乎没有塑性残余变形。这一阶段，试样的荷载-变形关系遵循单向应力状态下的胡克定律，是线性关系，载荷增加，变形同步增大。点 P 称为比例极限点，利用此阶段线性关系，可以测量低碳钢的杨氏弹性模量 E 和泊松比 μ。弹性模量 E 反映材料抵抗弹性变形的能力，代表了材料的刚度。点 P 以后，材料开始逐渐产生很少量的塑性变形。

屈服阶段（SS'）：这一阶段，拉伸曲线整体呈现出振荡特征，载荷在一定范围内波动，变形则快速增加，此阶段也称为屈服平台。材料失去了部分抵抗变形的能力，此时试样的变形既包含弹性变形又包含塑性变形，如果试样的表面质量足够好，环境光线足够好，靠近试样观察，能够看到试样表面与轴线夹角 45°的斜线-滑移线的生成和发展。这一阶段拉伸曲线出现峰、谷值。上屈服力取首次下降前的最大力，下屈服力取最小谷值对应的力（而第一次谷值不计，不计的理由国家标准里有解释）。由下屈服载荷计算的下屈服极限（屈服强度），是衡量塑性材料是否屈服破坏的重要指标。

强化阶段（$S'B$）：此阶段材料抵抗变形的能力提升，随着载荷的增加，变形也增加，拉伸曲线近似于二次曲线-抛物线，当载荷值超过上屈服点，达到最大值之前，给试样做一次卸载再加载操作，会看到卸载路径与加载路径重合，且与弹性阶段平行，是一条加长斜直线，这个现象被称为冷作硬化，表明材料的屈服强度提高，但塑性降低，冷作硬化是金属极为宝贵的性能之一，将塑性变形与应变强化二者结合，衍生出喷丸、挤压、冷拔等工艺，被作为强化金属的重要手段。继续加载直到最大载荷 F_m——材料的破坏载荷，然后变形曲线开始下降，进入断裂破坏阶段。

断裂破坏阶段(点 B 以后直到断裂):试样拉伸达到最大力 F_m 之前,在标距范围内的变形基本是均匀的。从最大力处(点 B)开始,出现局部轴向伸长加快和缩颈现象。由于缩颈处的截面面积迅速减小,以同样的位移速度继续拉伸所需的载荷也相应变小,直至试样变形的极限断裂为止。

观察各阶段产生的现象,试验机操作控制软件会根据设置记录拉伸曲线和设定的相关参数,自动采集下屈服力 F_{eL}、上屈服力 F_{eH}、最大力 F_m;试样拉断后的断后标距 L_1 和断口直径 d_1 需要取下试样后对接在一起,人工测量并记录。由此计算实验结果:低碳钢的下屈服强度 R_{eL}、上屈服强度 R_{eH}、抗拉强度 R_m、断后伸长率 A 和断面收缩率 Z。

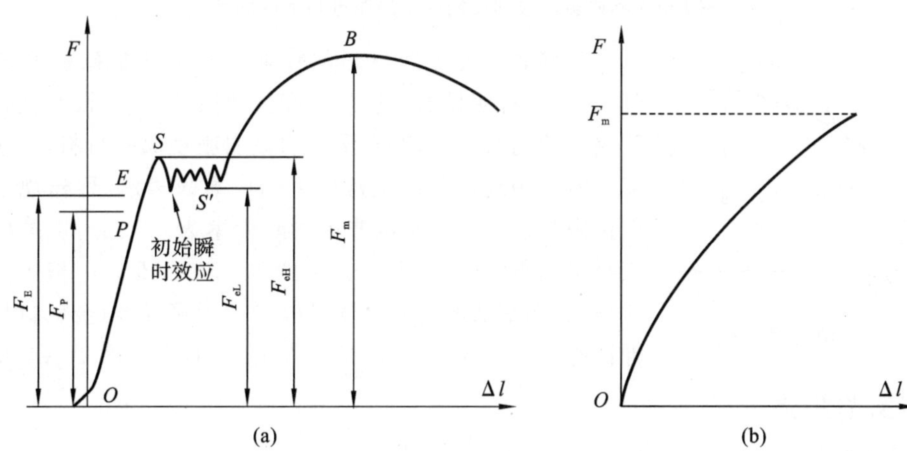

图 1.2　金属材料的拉伸曲线

(a) 低碳钢拉伸曲线;(b) 铸铁拉伸曲线

应当指出记录的拉伸变形 Δl 不只是标距部分的伸长,还包括机器本身的弹性变形和试样头部在夹头中的滑移等,试样开始受力时,头部在夹头内的滑移较大,故绘出的拉伸载荷-变形图最初一段非直线,这与胡克定律并不矛盾,剔除滑移部分即可。

2. 铸铁拉伸

铸铁试样实验时,利用测试软件重复上述操作,即可得到其拉伸图(见图 1.2(b));自动采集最大力 F_m,或者自动得到抗拉强度 R_m。

拉伸图可以用 F-Δl 曲线表示,因为 F-Δl 曲线的定量关系取决于试样材质和试样几何尺寸,故通常也可以转化为名义 σ-ε 曲线。其中:σ 为名义应力,$\sigma=\dfrac{F}{S_0}$,单位是 MPa;ε 为名义应变,$\varepsilon=\dfrac{\Delta l}{L_0}$,是无量纲的量。

之所以称为名义 σ-ε 曲线,是因为试样变形过程中,截面积和长度是变化的。F-Δl 曲线和名义 σ-ε 曲线形状相似,但名义 σ-ε 曲线可以较为地直接反映材料的力学性能及特性。

3. 塑性材料拉伸曲线的个性形式

图 1.2(a)所示的拉伸曲线,是低碳钢材料最有代表性的载荷-变形图形,由于冶炼、加工及热处理过程对低碳钢试样的影响,在实际实验过程中,每根试样的拉伸曲线都是独一无二的,不能用图 1.2(a)全部代替,塑性材料(低碳钢)屈服阶段载荷-变形曲线是明显的震荡折线形式,常见的几种拉伸曲线形式如图 1.3 所示,针对不同的拉伸曲线,上屈服点和下屈服

点的确定必须结合国家标准的规定。

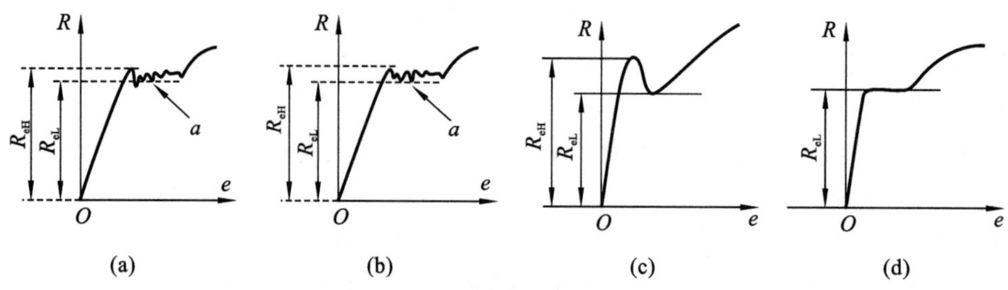

图 1.3　不同类型拉伸曲线的上屈服点和下屈服点

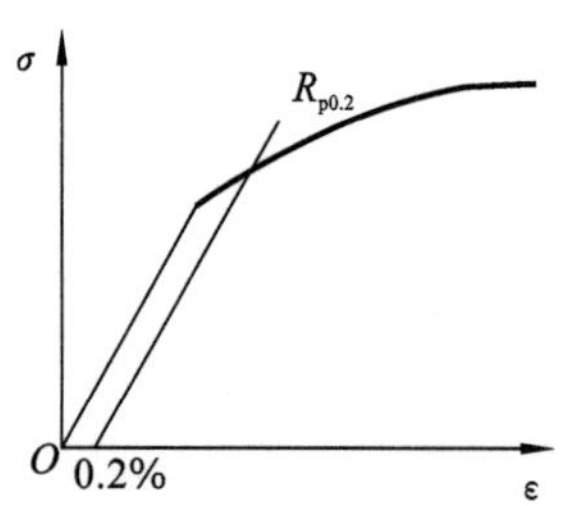

图 1.4　图解法测定 $R_{p0.2}$

大多数塑性金属材料的拉伸曲线介于低碳钢和铸铁之间，表现为有明显的弹性阶段和强化阶段，但是没有低碳钢那样突出的屈服平台，对于没有明显屈服现象的材料，其屈服强度只能采用规定非比例延伸下的应力来表示，称作规定非比例极限强度 R_p，通常以非比例延伸率为 0.2% 对应的应力代表材料屈服强度，即 $R_{p0.2}$。如图 1.4 所示，$R_{p0.2}$ 一般采用作图法得到，图解法的具体步骤可以参考国家标准《金属材料　拉伸试验　第 1 部分：室温试验方法》(GB/T 228.1—2010)。

六、实验步骤

1. 试样准备

打磨：打磨低碳钢试样工作部分，使其明亮光滑，有助于观察到屈服阶段产生的滑移线。

划线：为便于分析低碳钢试样变形情况，用划线机在试样工作部分表面划标距线。

测量：用游标卡尺测取试样的原始参数。试样直径三个横截面分别在标距线附近两端和中间部位测量，每截面沿相互垂直方向各测量一次取平均值，最后取三个截面中平均值最小的作为计算面积的原始直径。

2. 低碳钢试样拉伸

(1) 接通万能材料试验机。

(2) 启动测试软件系统，选择“试验员”，输入密码进入系统，点击“联机”。

(3) 在万能材料试验机上安装试样，试样夹持部分至少要保证三分之二以上夹持住。若需要测具体变形，可在试样上安装引伸计。

(4) 在测试软件系统上对初始数据(力、位移)清零，选择好实验方案。

(5) 点击计算机屏幕上的“运行”图标，实验开始，计算机自动绘制拉伸曲线图，至试样断裂。

(6) 双击拉伸曲线图，选择屈服力、最大力值，并判断计算机识别结果是否正确，如果正确则记录下实验数据，否则单击鼠标右键，应用“遍历”功能，沿曲线移动光标选择正确的参数点，并记录数据。

3. 铸铁试样拉伸

选择铸铁拉伸实验方案，测试方法重复上述步骤(3)、(5)，测试结果只记录铸铁的最大破坏力值。

特别注意：当实验可能会危害操作员的人身安全或者是可能导致试样或者夹具损伤的时候按下急停开关，使移动横梁停止在当前的位置上。顺时针方向旋转急停开关可以重新启动系统。

七、实验结果的处理

（1）根据上屈服力 F_{eH}、下屈服力 F_{eL} 及最大力 F_m 计算上屈服强度 R_{eH}、下屈服强度 R_{eL} 及抗拉强度 R_m，其值分别为

$$R_{eH}=\frac{F_{eH}}{S_0},\quad R_{eL}=\frac{F_{eL}}{S_0},\quad R_m=\frac{F_m}{S_0} \tag{1.1}$$

（2）根据实验前后的标距长度和横截面面积计算断后伸长率 A 和断面收缩率 Z，其值分别为

$$A=\frac{L_1-L_0}{L_0}\times 100\% \tag{1.2}$$

$$Z=\frac{S_0-S_1}{S_0}\times 100\% \tag{1.3}$$

注：断后标距 L_1 的测量方法如下。

直接法：若断口到最邻近标距端点的距离大于 $1/3L_0$ 时，将断后试样从试验机上取下，对接在一起，用游标卡尺直接测量两端标距线之间的长度。

位移法：若断口到最邻近标距端点的距离小于或等于 $1/3L_0$ 时，则需按下述方法进行断口移中测定 L_1。

将最外两条刻度线分别用点 A 和点 D 表示，断口处用点 O 表示，在长段的断后试样上确定一条刻度线作为点 B，使得 OB 的长度与 OA 的长度差不多相等（主要是点 B 关于断口和点 A 刻度对称），然后测取 AB 段的长度。所余 BD 段若为偶数格（见图 1.5(a)），则以点 B 为基准取其一半得点 C，测取 BC 长度后再乘上二倍，此时

$$L_1=AB+2BC \tag{1.4}$$

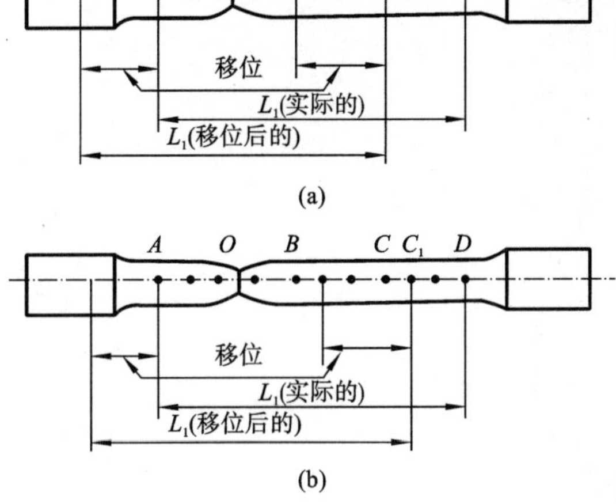

图 1.5　用移位法确定断后伸长率

(a) 余格为偶数；(b) 余格为奇数

所余 BD 段格数若为奇数(见图 1.5(b)),则分别以点 B 为基点取所余格数减一格的1/2得点 C 和所余格数加一格的 1/2 得点 C_1。分别测取 BC 和 BC_1的长度此时

$$L_1=AB+BC+BC_1 \tag{1.5}$$

当断口在标距线以外时,实验结果无效,需取新试样重做。

八、金属材料拉伸断口分析

金属质量的优劣常可以通过断口形状来判别。此外,当构件发生破坏时,也可以通过断口分析,并结合其他辅助方法弄清其破坏原因。

用光滑试样进行拉伸实验时,断裂往往发生在宏观或微观缺陷处,例如成分偏析、夹渣、气泡等处,这属于材料质量问题,对于构件则由于加工工艺不当或有应力集中等,会造成各种裂纹。断口分析可以从宏观和微观两个方面进行,宏观分析反映断口全貌,微观分析则可以揭示其本质,拉伸断口分为韧性断口(以低碳钢为代表)和脆性断口(以铸铁为代表)。韧性断口形成过程:在颈缩形成之前,拉伸试样标距内各横截面上的应力分布应是相同的、均匀的。一旦颈缩开始,颈缩截面上的应力分布就与其他截面不同了,且其截面上的应力分布不再保持均匀,图 1.6 即为颈缩截面上的应力分布示意图。

设在离颈缩较远的均匀变形截面 S_b处试样承受的单向轴向应力为 σ_1,但在颈缩处附近图中阴影体积部分将基本上处于无应力状态,所以,当颈缩处产生纵向伸长变形的同时横向发生收缩,但这部分体积将阻止其横向收缩变形,从而出现横向阻力。所以,该处不再是单向受力而是处于三向受力状态,即图示的轴向应力 σ_1,径向应力 σ_r和切向应力 σ_t,而且由于 σ_r和 σ_t的出现,提高了塑性流变所需的轴向应力 σ_1。因 σ_1在试样心部最大(见图 1.6),裂纹开始于试样心部生成,起初在试样中心部分出现许多已明显可见的显微空洞(微孔),随后这些微孔增大,聚集而形成锯齿状的纤维断口,通常呈环状(见图 1.7),当此环状纤维区扩展到一定尺寸(裂纹临界尺寸)后,裂纹开始快速扩展而形成放射区。放射区出现后,试样承载面积只剩下最外圈的环状面积,最后由最大剪应力所切断,形成剪切唇。

脆性断口一般断口平齐,并垂直于拉应力方向呈现脆性断裂。

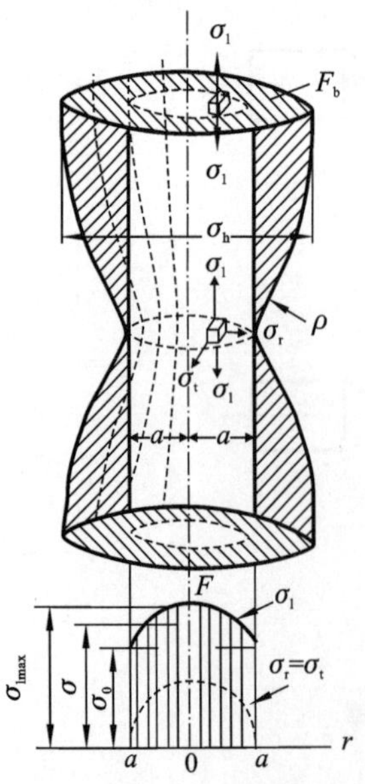

图 1.6　颈缩截面上的应力分布示意图

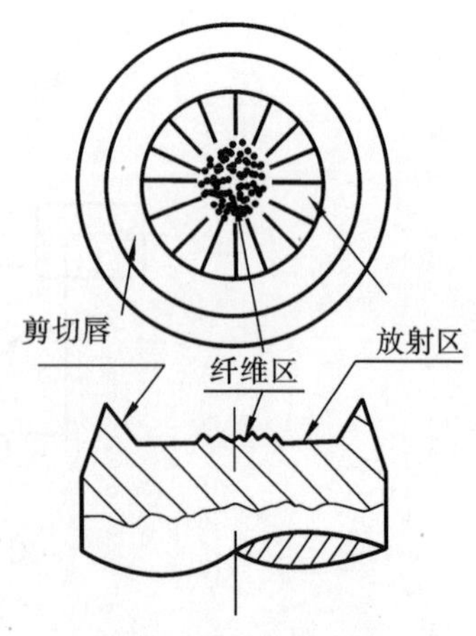

图 1.7　韧性断口示意图

九、实验记录

将试样的原始数据、实验数据和实验结果分别记录在表 1.1、表 1.2 和表 1.3 中。

表 1.1　原始数据

<table>
<tr><th rowspan="3">材料</th><th rowspan="3">标距
L_0/mm</th><th colspan="9">直径 d_0/mm</th><th rowspan="3">最小横
截面积
S_0/mm^2</th></tr>
<tr><th colspan="3">截面Ⅰ</th><th colspan="3">截面Ⅱ</th><th colspan="3">截面Ⅲ</th></tr>
<tr><th>1</th><th>2</th><th>平均</th><th>1</th><th>2</th><th>平均</th><th>1</th><th>2</th><th>平均</th></tr>
<tr><td>低碳钢</td><td></td><td></td><td></td><td></td><td></td><td></td><td></td><td></td><td></td><td></td><td></td></tr>
<tr><td>铸铁</td><td>—</td><td></td><td></td><td></td><td></td><td></td><td></td><td></td><td></td><td></td><td></td></tr>
</table>

表 1.2　实验数据

材　料	上屈服力 F_{eH}/kN	下屈服力 F_{eL}/kN	最大载荷 F_m/kN	断后标距 L_1/mm	断口处 最小直径 d_1/mm
低碳钢					
铸铁	—	—		—	—

表 1.3　实验结果

材　料	上屈服强度 R_{eH}/MPa	下屈服强度 R_{eL}/MPa	抗拉强度 R_m/MPa	断后伸长率 $A_{11.3}$	断面收缩率 Z
低碳钢					
铸铁	—	—		—	—

十、实验报告

编写实验报告，实验报告的内容包括：实验目的、原理、设备（包括型号、规格）、步骤、原始数据、数据处理、实验曲线、结果分析及讨论。

十一、思考题

（1）试比较低碳钢和铸铁在拉伸时的力学性能，并根据不同的断口形状说明材料的两种基本断裂形式。

（2）用材料和直径相同而标距长度分别为 $5d_0$ 和 $10d_0$ 两种试样测定断后伸长率 δ，实验结果有何差别？为什么？

（3）若受力试样的变形已超出弹性阶段，而进入强化阶段，则试样只有塑性变形而无弹性变形，这一结论对吗？为什么？

（4）用直径 $d=10.00$ mm 的低碳钢试样做拉伸实验测得的有关数据已记录于表 1.4 中，试计算其比例极限、屈服极限、强度极限、弹性模量和延伸率。

表 1.4　实验数据记录表

载荷/kN	标距 100 mm 的伸长量/mm	载荷/kN	标距 100 mm 的伸长量/mm
0	0	34.2	5.00
0	0.02	36.5	7.00
6.5	0.04	37.9	9.00
9.8	0.06	38.8	11.00
16.5	0.10	39.5	13.00
19.7	0.12	39.8	15.00
22.9	0.14	40.0	17.00
27.1	0.20	40.2	20.00
26.7	0.35	40.0	23.00
27.0	0.55	39.5	29.00
27.2	1.50	35.9	29.00
27.8	2.50	断裂	30.4
29.8	3.00		

实验二　金属材料压缩实验

工程中有许多承受压力的构件，通过常温、静载、轴向受力状况下的压缩实验，可以测试材料在承受压力时的力学性能指标，同时观察材料的破坏特征，为承压构件的强度设计提供依据。

一、实验目的

(1) 测定低碳钢材料的压缩屈服强度 R_{eLc} 及铸铁材料的抗压强度 R_{mc}。

(2) 观察并比较低碳钢和铸铁在破坏时的断口形貌及变形和破坏特征，并分析原因。

(3) 比较低碳钢(塑性材料)和铸铁(脆性材料)的压缩力学性能。

二、实验设备

(1) 微机控制电子万能材料试验机。

(2) 游标卡尺。

三、实验标准

本压缩实验按国家标准《金属材料　室温压缩试验方法》(GB/T 7314—2017)的要求执行。

四、实验试样

金属材料压缩试样一般采用圆柱形。试样在试验机上、下压板之间承受轴向压力，当试样受力横向变形时，其两端面与试验机压板之间产生较大的摩擦力，摩擦力阻碍试件靠近断面区域的横向变形，实验结果与实际指标有偏差；试样的高度不同，摩擦力对试样中部的影响也不同，抗压强度与 h/d 比值有关。为了减少摩擦力的影响以及避免试件发生偏心弯曲，在相同的实验条件下，压缩试样 h/d 的值应按规定选取。$L=(2.5\sim3.5)d$，适合测定 R_{pc}、R_{tc}、R_{eLc}、R_{mc}；$L=(5\sim8)d$ 适合测定 E_c；$L=(1\sim2)d$ 和 $L=(2\sim3)d$ 的试样适合测定 R_{mc}(见图 1.8)。

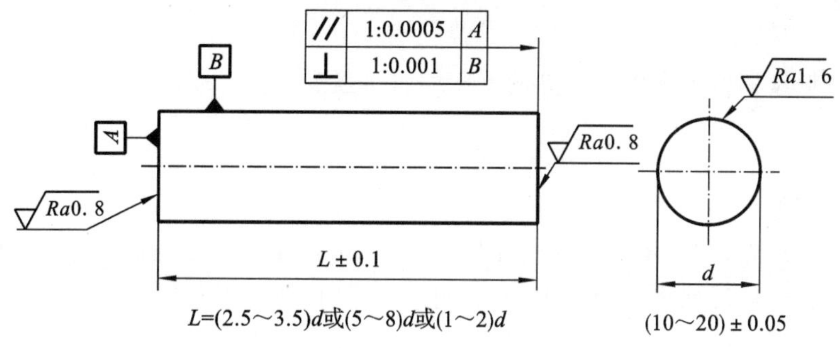

图 1.8　压缩试样图

五、实验原理

1. 低碳钢材料的压缩

(1) 低碳钢的压缩曲线如图 1.9(a)所示，可以看出明显的弹性阶段和屈服演化，屈服点之后，载荷不断增加，试样高度变化越来越慢，试样将愈压愈矮，截面积越来越大，但不发生断裂，这是塑性好的材料在压缩时的特点，所以，低碳钢的压缩实验测不出抗压强度，只能测到其压缩时的屈服强度。因此，对于低碳钢等塑性材料，在工程设计中，强度指标一般指屈服强度。以低碳钢为代表的塑性材料，轴向压缩时会产生很大的横向变形，但由于试样两端面与试验机支承垫板间存在摩擦力，约束了这种横向变形，故试样中间部分出现显著的鼓胀，如图 1.9(b)所示。

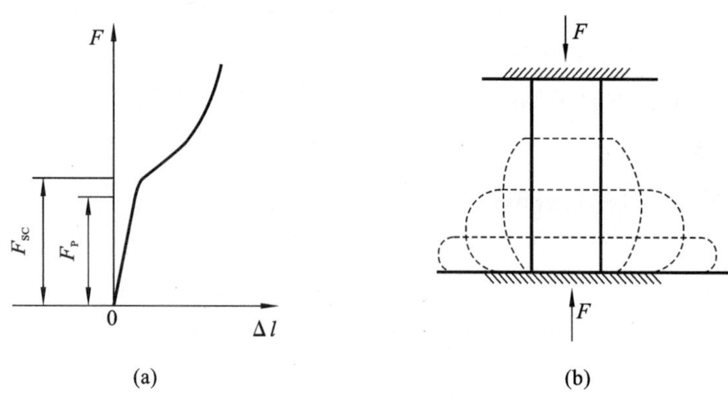

图 1.9 低碳钢压缩破坏

(a)压缩变形图；(b)鼓胀效应

(2) 上压缩屈服强度和下压缩屈服强度的测定。

国标 GB/T 7314—2017 规定：呈现明显屈服(不连续屈服)现象的金属材料，在实验时自动绘制的力-变形曲线上，判读首次下降前的最高压缩力为 F_{eHc}，不计初始瞬时效应时屈服阶段中最低压缩力或者屈服平台的压缩力为 F_{eLc}。上、下压缩屈服强度的判定基本原则与金属材料拉伸的原则相同。

根据力-变形曲线可得低碳钢按上压缩力计算的上压缩屈服强度：

$$R_{eHc}=\frac{F_{eHc}}{S_0} \tag{1.6a}$$

同样可得低碳钢按下压缩力计算的下压缩屈服强度：

$$R_{eLc}=\frac{F_{eLc}}{S_0} \tag{1.6b}$$

2. 铸铁的压缩

铸铁为脆性材料，铸铁压缩破坏曲线如图 1.10(a)所示。其压缩曲线在初始阶段与纵轴很接近，夹角很小，以后曲率逐渐增大，没有明显的屈服，载荷逐渐达到最大实际压缩力 F_{mc}。当载荷稍有下降后，便可听到沉闷的破裂声(实际实验过程中，可能会被试验机的噪声掩盖)，表明试样已破裂，铸铁试样压缩破坏图如图 1.10(b)所示，可以看到鼓胀之后才破裂。裂纹与其轴向成 45°～55°的夹角。

由最大实际压缩力 F_{mc} 可确定铸铁材料的强度极限：

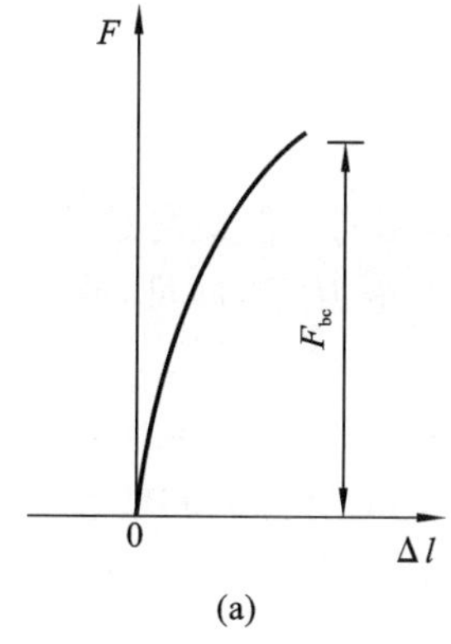

(a)

(b)

图 1.10　铸铁压缩破坏

(a)载荷-变形图;(b)压缩破坏示意图

$$R_{mc}=\frac{F_{mc}}{S_0} \tag{1.7}$$

灰铸铁在拉伸时是属于塑性很差的一种脆性材料,但在受压时,试件在达到最大载荷前将会产生一定的塑性变形,最后沿斜截面破裂。

灰铸铁试样的断裂有以下两个特点:

一是其破坏强度 R_{mc} 远比拉伸时高,大致是拉伸时的 3～4 倍。灰铸铁这类脆性材料的抗拉能力与抗压能力相差很大主要与材料本身情况(内因)和受力状态(外因)有关。

二是断口为斜断口。铸铁试样破裂后呈鼓形,表明有较明显的塑性变形存在,铸铁压缩时沿与轴线大约成 45°的斜截面破坏,其主要断裂破坏原因是由剪应力造成的。铸铁试样受压破坏的断面(与其端面)倾角 α 略大于 45°,而不是最大剪应力所在的 45°截面,是因为试样两端存在摩擦力的影响。

将压缩实验结果与拉伸实验结果作一比较,可以看出,铸铁承受压缩的能力远远大于承受拉伸的能力。抗压强度远远超过抗拉强度,这是脆性材料的一般属性。

六、实验步骤

1. 低碳钢

①测定试样的截面尺寸:沿试样高度中央取一截面,用游标卡尺沿该截面两个互相垂直的方向各测一次,取其平均值 d_0 作为计算截面面积 S_0 的直径。用游标卡尺测量试样的高度 H。

②接通万能材料试验机,启动测试软件系统,选择“试验员”,输入密码进入系统,单击“联机”按钮。

③将测试样放置在万能材料试验机下承台正中央,操作试验机面板使横梁下移至承台面距试样上表面 2 mm 左右时停止。

④在测试软件系统上对初始数据(力、位移)清零,选择好压缩实验方案和对应的材料。

⑤点击计算机屏幕上的“运行”图标,实验开始,计算机自动绘制压缩曲线图,因为低碳钢屈服之后测不到最终破裂载荷,所以一般要预先设定一个合适的终结载荷(50 kN),试样压缩到设定载荷时,试验机及软件自动停止并显示出压缩曲线。

⑥双击压缩曲线图,选择下屈服值,按照国标要求判断计算机识别的“下屈服值”结果是

否正确，如果正确则双击曲线图记录下实验数据，否则单击鼠标右键，应用“遍历”功能选择正确的指标点，再双击曲线图并记录数据。

2. 铸铁

铸铁压缩实验方法和步骤与低碳钢压缩实验基本相同。但最终载荷没有设定，因为铸铁最终会压裂，选择试样压至破裂过程中的最大实际压缩力 F_{mc} 即可，或者操作者在铸铁压缩实验时听到沉闷的破坏声音，即可停机。

特别注意：当实验可能会危害操作员的人身安全或者是可能导致试样或者夹具损伤的时候按下急停开关使移动横梁停止在当前的位置上。顺时针方向旋转急停开关可以重新启动系统。

七、实验结果的整理和计算

将实验数据填入表 1.5、表 1.6 中。

表 1.5　压缩实验结果整理表

材料	高度 H /mm	直径/mm			F_{mc} /kN	R_{mc} /MPa	F_{eLc} /kN	R_{eLc} /MPa
		d_1	d_2	平均 $\bar{d}$				
低碳钢					—	—		
铸铁							—	—

表 1.6　实验前后试样形状图

材料	实验前试样形状图	实验后试样形状图
低碳钢		
铸铁		

八、实验报告

编写实验报告，实验报告的内容包括：实验目的、原理、设备（包括型号、规格）、步骤、原始数据、数据处理、实验曲线、结果分析及讨论。

九、思考题

(1) 铸铁在拉、压两种受力形式下，断裂方式为什么不同？破坏应力有什么不同？

(2) 为什么铸铁拉伸时表现为脆断，而压缩时即有明显的塑性？

(3) 低碳钢拉伸断裂时，可以测到最大破坏力 F_m，而在压缩时则不能测到最大破坏力 F_{mc}，为什么还会有“低碳钢是拉压等强度材料”的结论？

(4) 为什么铸铁试样压缩不是在最大载荷时直接破裂，而是在载荷稍减小后破裂？

实验三　金属材料扭转实验

扭转现象在各种机械设备中应用得很普遍。通过扭转运动将扭矩分配传递出去，驱动机器设备的运转，故材料的扭转力学性能指标如扭转屈服强度、扭转强度极限(抗扭强度)、切变模量等是各种机械设备进行扭转强度和扭转刚度设计及选材的重要依据。扭转是杆件的基本变形之一，圆轴受纯扭转时，材料处于纯剪切应力状态。扭转实验主要用于研究材料在纯剪切作用时的力学性质。

一、实验目的

(1) 测定低碳钢扭转时的上屈服强度 τ_{eH}、下屈服强度 τ_{eL}、抗扭强度 τ_m 及破坏时的扭角 φ。

(2) 测定铸铁扭转时的抗扭强度 τ_m，破坏时的扭角 φ。

(3) 比较低碳钢和铸铁试样在纯扭转破坏过程中的变形规律及其断口破坏特性。

二、实验设备

(1) 微机控制扭转试验机。

(2) 游标卡尺。

三、实验标准

扭转实验测定材料在常温状态下，受纯扭转作用变形的基本力学性能实验。实验按国家标准 GB/T 10128—2007《金属材料　室温扭转试验方法》进行。

四、实验试样

金属材料扭转实验一般采用圆截面长棒型试样，如图 1.11 所示，两端夹持部位界面可选扁圆形、四边形或六边形。推荐采用直径 d_0 为 10 mm，标距 L_0 分别为 50 mm 和 100 mm，平行长度 L 分别为 70 mm 和 120 mm 的圆棒试样。

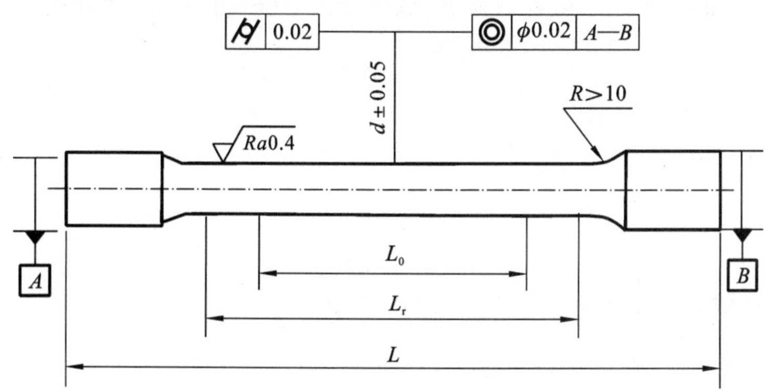

图 1.11　圆形截面扭转试样

五、实验原理

扭转试样两端分别装夹在扭转试验机的两个夹头上，其中一端夹头位置固定，另一端夹头可在导轨上自由移动。电动机驱动固定夹头转动，使扭转试样处于纯扭转（纯剪切）变形状态。采用圆试样的扭转实验研究不同材料在纯剪切应力作用下的断裂方式，为分析材料的破坏原因和抗扭力学性能提供直接有效的依据。材料扭转过程可用试样的变形（扭角 φ）和载荷（扭矩 T）的关系，即 T-φ 曲线来描述，如图 1.12 所示为低碳钢和铸铁两种典型材料的 T-φ 图。

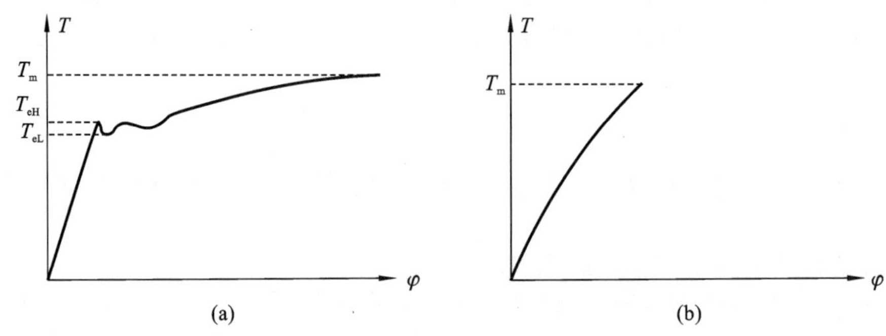

图 1.12　扭转变形-载荷曲线（T-φ 图）

（a）低碳钢扭转变形-载荷曲线；（b）铸铁扭转变形-载荷曲线

从低碳钢扭转变形-载荷曲线可见，低碳钢扭转在开始变形的直线段内，扭矩 T 与扭角 φ 之间成线性关系，为弹性阶段。横截面上的剪应力沿半径方向呈线性分布，最大剪应力发生在横截面周边处，而圆心为零，如图 1.13(a) 所示。随着 T 的增大，试样将产生明显的屈服现象，横截面边缘处的剪应力首先到达屈服点 τ_s，剪应力的分布不再是线性的，而是如图 1.13(b) 所示，即试样发生屈服形成环形塑性区。随着扭转变形的增加，塑性区不断向圆心扩展，直至全截面几乎都是塑性区为止，即全面屈服，如图 1.13(c)所示。屈服阶段为锯齿状振荡曲线，以首次发生下降前的最大扭矩为上屈服扭矩 T_{eH}，以屈服阶段中的最小扭矩为下屈服扭矩 T_{eL}，经过屈服阶段后，由扭转变形-载荷曲线可见材料的强化使扭矩又有缓慢的上升，而变形显著增加，直至到达最大载荷点，试件断裂，此时扭矩为最大扭矩 T_m，则：

上屈服强度
$$\tau_{eH}=\frac{T_{eH}}{W_T} \tag{1.8a}$$

下屈服强度
$$\tau_{sL}=\frac{T_{sL}}{W_T} \tag{1.8b}$$

抗扭强度
$$\tau_m=\frac{T_m}{W_T} \tag{1.9}$$

式中：W_T 为抗扭截面系数，$W_T=\frac{\pi d_0^3}{16}$（d_0 为圆试样直径）。

铸铁试样受扭转时，变形扭转角很小（一般不超过 80°）即发生断裂。其 T-φ 曲线如图 1.12(b)所示，没有明显的线性阶段线，呈非线性。试样断裂时的扭矩为最大扭矩 T_m。

其抗扭强度用公式(1.9)计算即可。

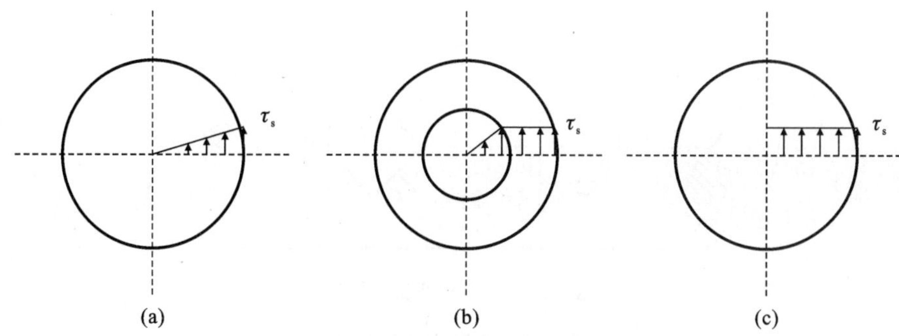

图 1.13　低碳钢圆试样扭转破坏过程中的剪应力演变图

(a) 弹性阶段；(b) 屈服阶段；(c) 全面屈服

六、实验步骤

1. 低碳钢

①试样尺寸测量。用游标卡尺测量试样直径 d_0，在标距段内靠近两端及中间处选三个截面，每个截面分别沿两个相互垂直方向上各测一次直径，并取其平均值作为该截面的直径数值，取三个截面直径平均值中的最小值计算试样的抗扭截面系数 W_T。

②安装试样，为便于观察试样扭转变形情况，在施加扭矩前，在试样上沿轴线方向用粉笔作一直线，同时在试样表面画一正方形(通过观察直线和正方形的变化了解扭转变形的特点)。

③进行实验，施加扭矩，直至试样断裂。观察试样在扭转过程中的各种现象，并记下试样扭转屈服时的上屈服扭矩 T_{eH} 和下屈服扭矩 T_{eL}，破坏时的最大扭矩 T_m，以及破坏时的扭转角 φ。

④取下试样，观察比较断口，分析破坏原因。

⑤将试验机复原，结束实验。

2. 铸铁

实验步骤与低碳钢实验相似，但应注意观察铸铁扭转变形-载荷曲线与低碳钢扭转变形-载荷曲线的不同点，即试样从开始受扭到试样破坏近似一直线。由于铸铁试样扭转变形较小时即断裂，因此，应将其扭转速度控制在 0°～30°/min 范围内，试样断裂后记录最大扭矩 T_m，及破坏时的扭转角 φ。

七、试样受扭时应力状态分析

试样在纯扭转时，材料处于纯剪切应力状态：在垂直于轴线与平行于轴线的截面上仅作用着剪应力 τ。

而在与轴线成－45°和 45°的截面上，则分别作用有正应力 $\sigma_1=\tau$，$\sigma_3=-\tau$ 的主应力，如图 1.14 所示。由于低碳钢材料在纯剪切应力状态下，其抵抗剪切应力 τ 破坏的能力首先达到极限，故低碳钢试样将沿最大剪切应力 τ_{max} 所在的横截面破坏，断口平齐，呈现了剪切应力破坏的断口特征。而铸铁材料在纯剪切应力状态下，其抵抗正应力 σ_1(拉应力)能力先达到极限，所以铸铁试样将从其表面上某一点处，沿与轴线成 45°的螺旋状曲面被拉断，呈现出拉应力破坏的脆性断口特征。

八、实验结果的整理和计算

将实验数据与图形记录在表 1.7 至表 1.9 中。

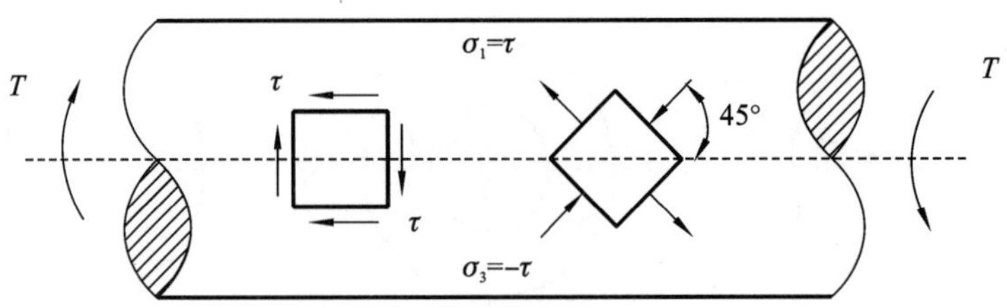

图 1.14 纯剪切应力状态

表 1.7 实验前试样尺寸

材料	直径 d_0/mm									最小截面平均直径/mm
	截面Ⅰ			截面Ⅱ			截面Ⅲ			
	X	Y	平均	X	Y	平均	X	Y	平均	
低碳钢										
铸铁										

表 1.8 实验结果

材料	抗扭截面系数 W_T /mm^3	上屈服扭矩 T_{eH} /N·m	下屈服扭矩 T_{eL} /N·m	最大扭矩 T_m /N·m	上屈服强度 τ_{eH} /MPa	下屈服强度 τ_{eL} /MPa	抗扭强度 τ_m /MPa	总扭转角 φ /(°)
低碳钢								
铸铁		—	—		—	—		

表 1.9 拉伸、压缩和扭转实验总结

力和变形曲线			
材料	拉伸实验	压缩实验	扭转实验
低碳钢			
铸铁			
试样断口图比较			
材料	拉伸实验	压缩实验	扭转实验
低碳钢			
铸铁			

九、实验报告

编写实验报告，实验报告的内容包括：实验目的、原理、设备（包括型号、规格）、国家标准、步骤、原始数据、数据处理、实验曲线、结果分析及讨论。

十、思考题

(1) 低碳钢和铸铁在扭转破坏时有什么不同现象？断口有何不同？试分析其原因。

(2) 低碳钢拉伸和扭转的断口形式不同，破坏原因是否相同？

(3) 铸铁在压缩和扭转时，其断口都与试样轴线约成45°，破坏机理有何不同？

(4) 试根据拉伸、压缩和扭转三种实验结果，综合分析低碳钢与铸铁的力学性能。

(5) 木材和竹材的顺纹抗剪能力低于横纹抗剪能力，如用木材或竹材制成其纤维平行于轴的圆截面试样，试问，它们的扭转破坏断口将会是怎样的？

(6) 低碳钢试样拉伸实验的屈服点和扭转实验的屈服点有何区别和联系？

实验四　金属材料剪切破坏实验

工程结构中广泛采用螺栓、销钉、铆钉和键等连接件传递动力与运动，如轴与齿轮之间的键连接，桁架结点处的铆钉连接，紧固件之间的螺栓连接，以及某些运动构件的销钉定位连接等。作为连接件，螺栓、销钉、铆钉和各种形式的键在结构运行过程中，受力情况比较复杂，并非单一的基本变形，试样的破坏断面也不是规则的圆截面，因此，通过理论分析进行精确计算是比较困难的。

工程上一般采用材料的抗剪强度极限作为连接件设计的依据。而抗剪强度极限一般采用实验方法近似获得，实验分析是在假定应力在剪切面内均匀分布的前提下，使试件的受力条件尽可能地模拟实际构件的受力情况，测得试件的最大载荷，由实用公式计算确定极限应力。

一、实验目的

(1) 掌握材料受剪切力作用时力学性能的测试方法，测定低碳钢试样剪切破坏时的抗剪强度 τ_b。

(2) 观察低碳钢材料剪切破坏断口形貌并分析原因。

二、实验设备

(1) 微机控制电子万能材料试验机；

(2) 剪切器；

(3) 游标卡尺。

三、实验标准及试样

实验试样依据国家标准《金属材料　线材和铆钉剪切试验方法》(GB/T 6400—2007)要求，采用圆柱形低碳钢试样，其规格及加工精度如图 1.15 所示。

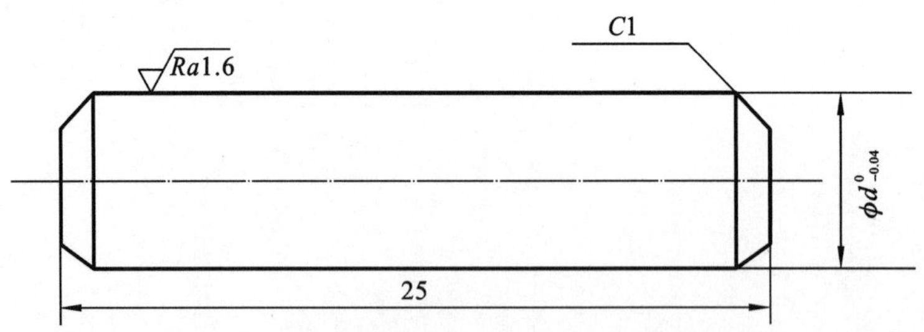

图 1.15　低碳钢剪切试样图(d 不大于 6 mm)

四、实验原理

根据试样受剪切时的受力和变形特点，剪切实验方法有单剪和双剪两种，分别如图 1.16(a)、(b)所示。其受剪面与加载方向平行，且垂直于试样的夹持方向，受剪面内有剪应力作用。

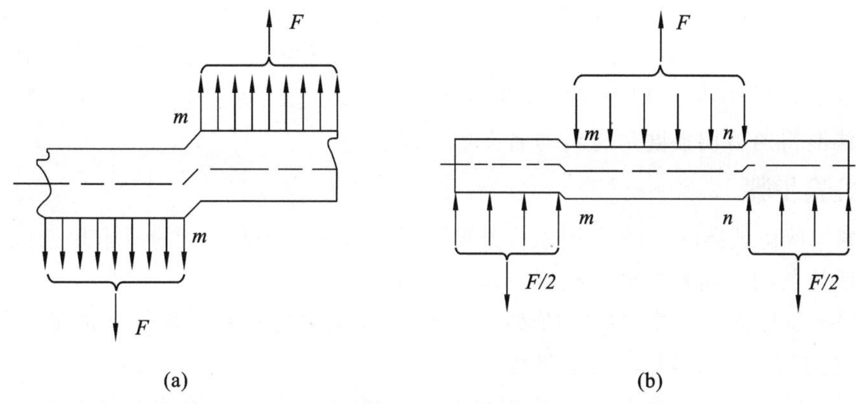

图 1.16　试样单剪切、双剪切的受力与变形

(a) 单剪；(b) 双剪

图 1.17 所示两种剪切装置——单剪切器和双剪切器，图 1.17(a)称为单剪切器，试样单剪切时受力及变形情况如图 1.16(a)所示，只有一个剪切面(m—m 截面)，试样在 m—m 截面上发生相对错动至破坏，其抗剪强度计算公式为

$$\tau_b = F_b/S_0$$

式中：F_b——试样被剪断时的最大载荷；

S_0——试样原始横截面面积。

双剪切实验是实验室经常采用的剪切实验方法，图 1.17(b)所示为双剪切器示意图。试样受双剪切时，有两个平行的剪切面 m—m 和 n—n，其受力及变形情况如图 1.16(b)所示。双剪切实验按照国家标准 GB/T 6400—2007 要求执行，将试样装夹在双剪切器中，试验机压头施加(向下压)集中力 F，试样在 m—m 和 n—n 两个截面上产生剪切并相对错动，抗剪强度计算公式为

$$\tau_b = \frac{F_b}{2S_0} \tag{1.10}$$

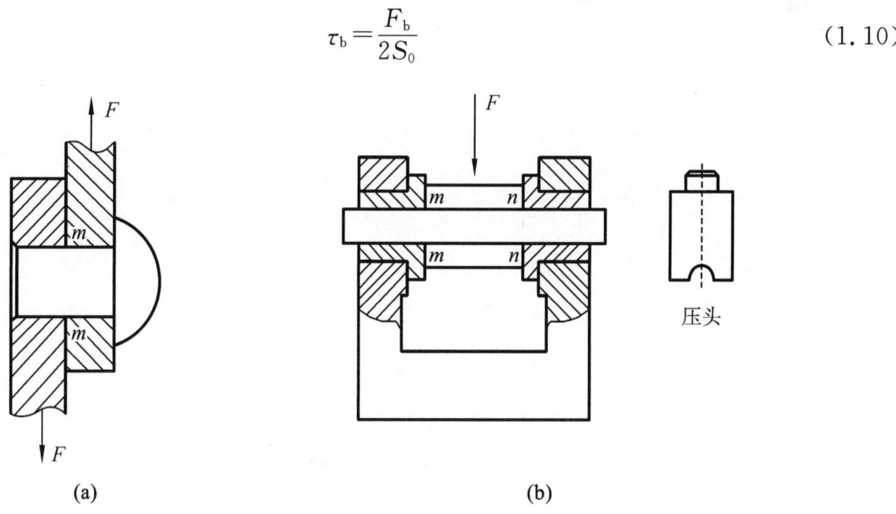

图 1.17　两种剪切器

(a) 单剪切器；(b) 双剪切器(含压头)

观察被剪断的试样可以发现，剪切破坏断面不是标准的圆截面，产生了部分不规则的变形，说明试样虽然主要以剪切变形为主，但还伴随有挤压变形，同时在断面及其附近还有试样的弯曲变形，这与实际工程中连接件受力状况较吻合，也证明了连接件受力的复杂性。采用实验方法测得的剪切强度是材料的名义抗切强度。

五、实验步骤

(1) 测量剪切试样的直径 d(国家标准要求 d 不大于 6 mm)。用游标卡尺选试样任一截面沿互相垂直的两方向各测量一次直径，取其平均值。

(2) 根据试样直径估算破坏时所需最大载荷(低碳钢材料的剪切强度极限 τ_b 在 500～600 MPa 之间)，选择试验机的合适量程。

(3) 将试样装入金属剪切器中，模拟销钉受双剪状态，然后将剪切器置于试验机上下承垫之间，开启试验机逐渐施加载荷，加载速率一般为 10～20(N/mm^2)/s，直至试样被剪断。

(4) 记录材料的最大破坏载荷 F_b，取出剪断为三段的试样，按断口特征拼合后与原始试样进行比较分析、观察破坏形貌。

(5) 根据测试的剪切破坏载荷 F_b，计算抗剪强度 τ_b。

六、思考题

(1) 低碳钢材料被剪切破坏后，其断口有何特点？

(2) 试从受力特点、变形特点、应力分布等方面讨论构件直接剪切、纯剪切、弯曲中的剪切的区别。

实验五　金属材料冲击破坏实验

冲击载荷是动载荷的一种，其特点是力的响应峰值很大，但作用的时间很短。材料在冲击载荷作用下的力学性能表现与其在静载荷作用下的力学性能表现是不同的。

能够反映材料抵抗冲击能力的指标是冲击韧度，用 a_k 来表示。

冲击实验方法常用有两种：一种为夏比冲击实验，即简支梁式弯曲冲击实验，如图 1.18(a)所示；另一种为艾氏冲击实验，即悬臂式冲击弯曲实验，如图 1.18(b)所示。

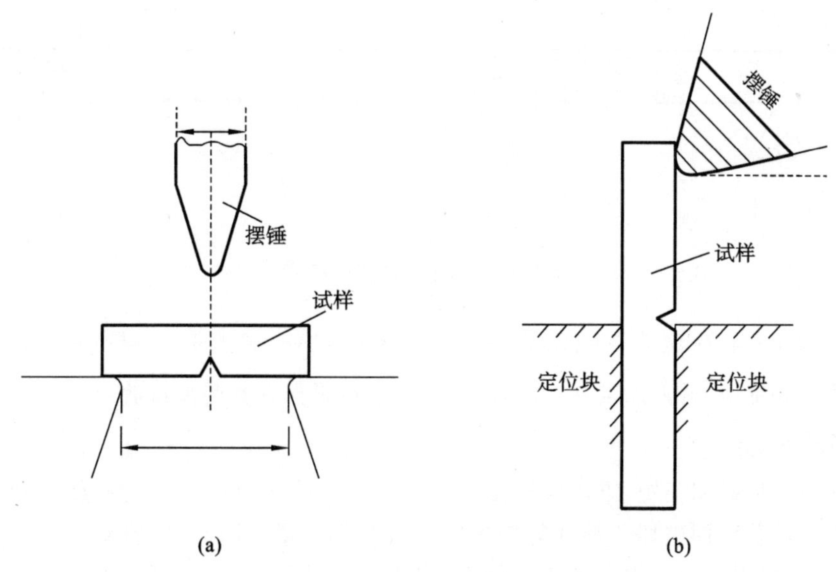

图 1.18　常用冲击实验类型

(a)夏比冲击实验；(b) 艾氏冲击实验

由于艾氏冲击实验测试温度范围小(一般在 10～35 ℃)，故应用时受到一定限制。而夏比冲击测试温度范围大(一般在－192～1000 ℃)且放置试样简便，故应用较为广泛。

金属的冲击实验对试样材料的组织或缺陷非常敏感，故可通过断口来检查原材料的冶金质量、判断脆性转化趋势、热处理质量以及机械加工质量问题等。因此冲击韧度指标与材料的其他性能指标一样，是一个重要的力学性能指标。冲击实验也是工业生产及科学研究中常用的力学性能实验方法之一。

一、实验目的

(1) 了解冲击试验机的构造、工作原理和使用方法。

(2) 了解冲击韧度的实际意义并掌握其测定方法。

(3) 测定铸铁和低碳钢的冲击韧度值 a_k，观察并比较它们的破坏情况。

二、实验仪器和设备

(1) JBN-300B 冲击试验机。

(2) 游标卡尺。

三、实验标准及试样

根据国家标准 GB/T 229—2020《金属材料　夏比缺口冲击试验方法》的要求可取 V 形缺口(见图 1.19(a))和 U 形缺口(见图 1.19(b))两种规格的试样。其中,U 形缺口冲击试样有 2 mm 和 5 mm 两种不同的缺口深度可以选用。冲击试样的长度一般取 55 mm,如果不能用标准试样,可用 GB/T 229—2020 中提及的相关小截面试样来代替。

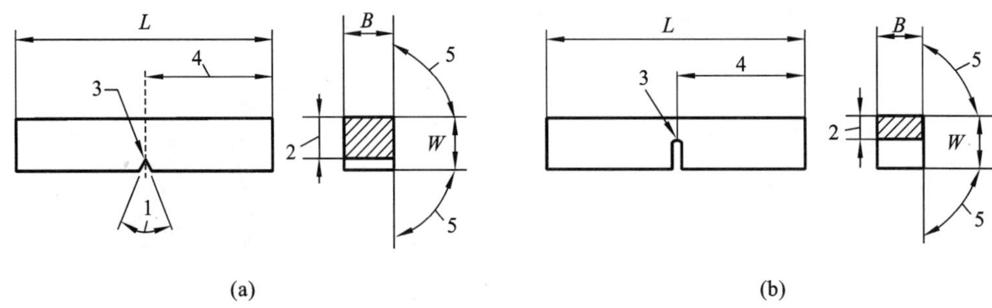

图 1.19　夏比摆锤冲击试样

(a) V 形缺口;(b) U 形缺口

1—V 形缺口角度;2—韧带宽度;3—缺口根部半径;4—缺口对称面与试样端面的距离;5—试样相邻纵向面间夹角

试样缺口底部应光滑,加工缺口时,缺口顶端应尽量保证其圆弧过渡。

四、实验原理

冲击载荷作用时间很短,难以精确测量受冲击载荷作用时材料所受的载荷和变形。但是材料受冲击载荷作用破坏所消耗的能量则比较容易测量。因此,实验室一般采用弯曲冲击的方式,获取材料的脆断现象和耗能特征,实质上就是通过能量转换过程,测定试样在这种冲击载荷作用下折断时所吸收的功,冲击抗力不用力来表示,而是用吸收能量表示。

将冲击试样所消耗的总功 A_k,除以试样缺口处的截面积得到的值作为冲击韧度指标 a_k。材料的强度和变形(特别是塑性变形)能力越大,它的韧度也就越高。因此,韧度是材料强度和塑性两者综合的结果。

夏比冲击实验是将具有规定形状和尺寸的试样,放在冲击试验机的试样支座(见图 1.20)上,使之处于简支梁状态。然后使规定高度的摆锤下落,产生冲击载荷将试样折断。夏比冲击实验实质上就是通过能量转换过程,测定试样在这种冲击载荷作用下折断时所吸收的能量。

冲击试验机原理如图 1.21 所示,设摆锤系统重力为 F(N),摆锤旋转轴心到摆锤重心的距离为 L(m),将摆锤升起一个角度 α,使摆锤抬起高度为 H(m),此时摆锤的势能为

$$E_1 = FH = FL(1-\cos\alpha) \tag{1.11}$$

当摆锤下落折断试样后,继续向前摆动的最大角度 β,此时对应摆锤的高度变为 h,则试样冲击断开后剩余能量为

$$E_2 = Fh = FL(1-\cos\beta) \tag{1.12}$$

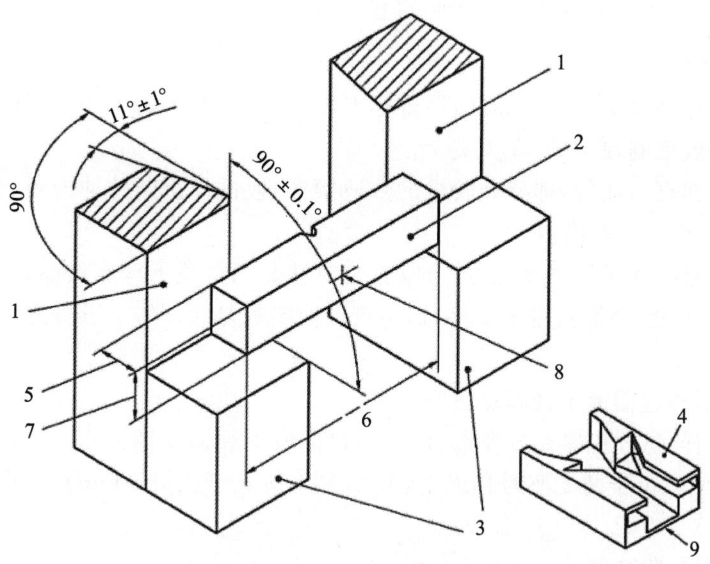

图 1.20　试样与摆锤冲击试验机支座及砧座示意图

1—砧座；2—标准试样；3—试验支座；4—保护罩；5—试样宽度 W；6—试样长度；7—试样厚度 B；8—击打点；9—摆锤冲击方向

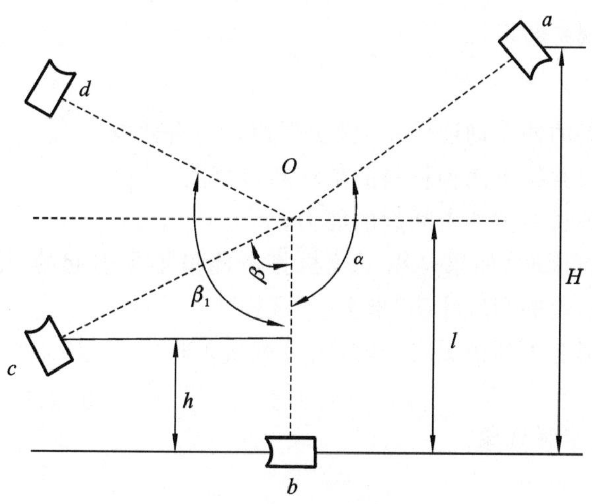

图 1.21　冲击试验机原理图

根据能量守恒原理，可得到试样断后吸收的功为

$$A_k = FH - Fh = FL(\cos\beta - \cos\alpha) \tag{1.13}$$

A_k 的量纲为 N·m，通常用 J 表示（1J＝1N·m）。

冲击韧度 a_k（J/m^2）为

$$a_k = \frac{A_k}{S_0} \tag{1.14}$$

式中：S_0——试样缺口处的初始面积。

实验证明，冲击韧度 a_k 与材料的性质有关。试样的形状、缺口形式、尺寸等都会对 a_k 产生很大的影响，因此 a_k 只是材料抗冲击断裂的一个参考性指标。只能在规定条件下进行相对比较，而不能代换到具体零件上进行定量计算。

五、实验步骤

(1) 检查试样外观是否符合标准，用游标卡尺(精度应大于 0.02 mm)测量试样尺寸。

(2) 室温一般控制在 10～35 ℃进行。

(3) 估算试样打击能量，选择试验机的合适摆锤，使试样折断的冲击吸收功在所用摆锤最大能量的 10%～90%范围内。

(4) 检查试验机能量损失状况，进行空打。方法是当摆锤上仰到最高位置时，将示值盘指针对准最大能量处，当摆锤自由下落时，检查此时指针是否回零。其偏差不应超过最小分度的 1/4。

(5) 取摆：即扬起摆锤至最高点自锁。

(6) 装放试样：试样应紧贴支座放置，使缺口的背面朝向摆锤刀刃。试样缺口使用专用的定位规对中，使之位于两支座对称面上，其偏差不应大于±0.5 mm。将指针拨到最大能量处。

(7) 退销：即解除自锁。

(8) 冲击：使摆锤下落冲断试样，并任其惯性摆动回至最高点自锁。

(9) 放摆：使摆锤慢慢下落至铅垂位置。记下示值度盘上指针所指能量大小，即为冲击吸收功 A_k。

(10) 回收试样，观察断口。

六、结果处理

(1) 计算两种材料的冲击韧度值 a_k，至少保留两位有效数。

(2) 分析试样断口并绘出两种材料的破坏断口草图。

(3) 分析比较两种材料抗冲击断裂的能力。

(4) 试样未完全折断时，如果是因试验机打击能量不足引起的，则应在实验数据前加“＞”符号，其他情况引起的则应注明“未折断”字样。

(5) 实验过程中遇有下列情况之一时，实验数据无效。

① 误操作。

② 试样折断时有卡锤现象。

七、注意事项

(1) 实验时一定要注意人身安全，防止摆锤下落和试样飞出伤人；防止其他操作。

(2) 若进行高、低温实验时，请查阅 GB/T 229—2020 有关条例并严格执行。

八、思考题

(1) 进行冲击实验时要注意哪些事项？

(2) 材料抗冲击性能的指标有几个，其名称、表达式、单位各是什么？

(3) 冲击韧度 a_k 为什么只能用于相对比较，而不能用于定量换算？

第二部分　应力应变测量实验

概　述

工程结构在工作过程中承受载荷，会产生变形，形成局部或整体应力分布，测量结构或构件的应力的方法有光测法、磁测法、电阻应变测量法（电测法）等多种。本章主要介绍电阻应变测量法。

一、电阻应变测量法

电阻应变测量法是用敏感元件——电阻应变片将不便于测量的结构件的机械变形信息（非电量）转化为相关的电量信息进行测量的一种实验方法。即利用应变片电阻的变化率的改变来测定构件的表面应变，再根据应力、应变关系确定构件表面应力状态的一种实验应力分析方法。它的基本方法是：将电阻应变片粘贴固定在被测的构件上，当构件受力变形时电阻应变片的电阻值也发生相应的变化，通过电阻应变仪将电阻应变片中的电阻变化值相关信息测量出来，并转换成所测构件的应变值和应力值。

电阻应变测量技术的优点如下。

(1)电阻应变片尺寸小，重量轻，安装方便。应变片测量的应变通常是构件表面被应变片敏感栅覆盖面积下沿敏感栅轴向的平均应变。相对于构件，应变片尺寸足够小，因此应变片的应变可被看做结构件某点的线应变。粘贴应变片一般不会影响构件的应力状态。

(2)测量灵敏度与精度高。最小应变读数可达 10^{-6}，在小应变的范围内，一般条件下的常温静态应变测量，测量精度可达 1%。

(3)测量范围广，可测应变范围为 10^{-6}～10^{-2}。

(4)频率响应好，电阻应变片响应时间约为 10^{-7} s，构件上应变的变化可立即传递给应变片，可以测量静态应变及频率在 10^{4} Hz 以内的动态应变。

(5)在采取一定措施的条件下，可应用于高、低温，高转速，高压液体等环境下的测量。

(6)便于实现自动化和数字化，并能进行远距离测量和无线电遥测。

(7)可制成各种高精度传感器，测量力、压力、位移、加速度等力学量，在工业及科学实验研究中作为控制或监控器材的敏感元件。

以上优点，使得电阻应变测量技术被广泛用于土木工程，道路、桥梁工程，交通运输，国防、航空航天等领域以及运动生物力学的静态测量或动态分析，成为实验应力分析应用最广和最有效的方法之一。

电阻应变测量技术的主要缺点如下。

(1)只能测量构件表面上的应变，而无法测定构件内部的三维应力（应力场）和应变。

(2)电阻应变片有一定的栅长，测得的应变是应变片栅长范围内的平均应变，而对局部应力集中或应力梯度变化很大的部位，测量结果误差较大。

(3)电阻应变片只能使用一次，贴片要求高；测量仪器比较复杂且易受强磁场和其他恶劣环境的影响。

(一)电阻应变片的基本构造及主要参数

1. 电阻应变片的基本构造

电阻应变片一般由敏感栅(金属丝)、黏结剂、基底、引线和覆盖层组成(见图 2.1)。

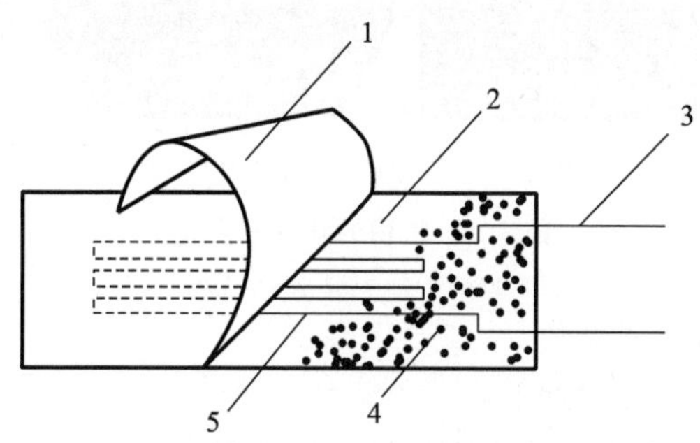

图 2.1　应变片结构图

1—覆盖层;2—基底;3—引出线;4—黏结剂;5—敏感栅

敏感栅是电阻应变片的核心,是将一条直径为 0.02～0.05 mm 且具有高电阻率的金属丝(镍铬或铜镍合金丝),在制片机上排绕而成的,在上下两片覆盖层(胶片薄膜或薄纸片)之间密封固定,焊上引出线,即形成早期常用的丝绕式电阻应变片。丝绕式电阻应变片不易制成小尺寸的敏感栅长,故其敏感栅标距相对箔式应变片一般较大,适用范围较窄,价格也相对低廉;而箔式应变片(见图 2.2(a))是将 0.003～0.01 mm 厚的康铜或镍铬箔片利用光刻技术制成的栅状,栅箔又薄又宽,便于牢固粘贴,具有较好的散热性能,较好的贴合结构的表面变形,易于制成栅长更小的应变片,测量精度也高,所以得到了广泛的应用。近年来应变片的研发比较活跃,出现了不少新式结构和新材料的应变片,比如半导体应变片(见图 2.2(b))等。

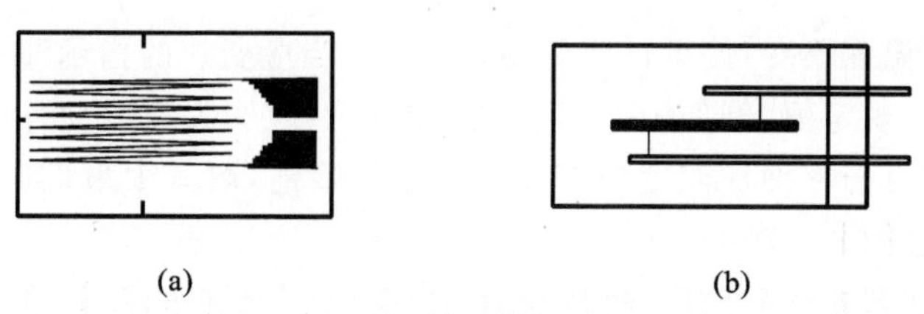

(a)　　(b)

图 2.2　其他形式的单轴应变片

(a) 箔式应变片;(b) 半导体应变片

应变片的基底与试件直接接触,并用黏结剂相互黏牢,以保证电阻片与试样共同变形,以准确地把试件变形传递给敏感栅,而且保证试样与敏感栅之间有足够大的绝缘度。基底常用纸基或胶膜薄片制成。覆盖层的作用是保护敏感栅的作用,防止有害介质腐蚀,材料与基底相同。

应变片分为单轴应变片和多轴应变片。单轴应变片只有一个敏感栅,只能用于测量沿栅长方向的应变;而多轴应变片又称应变花,它是将两到三个敏感栅沿栅长轴线方向按一定的角度相交布置在同一个基底上,用于同时测量构件表面同一点几个栅长方向的应变。图 2.3 所示的为常用的几种应变花。

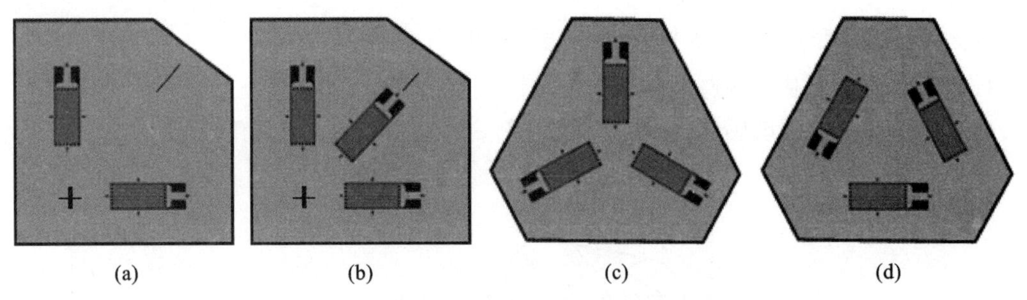

图 2.3 常用的几种应变花

(a)90°;(b)45°;(c)120°;(d)60°

2. 电阻应变片的基本性能参数

电阻应变片的基本性能参数如下：

(1)应变片名义电阻。指应变片没有安装也不受外力作用时，在室温下测定的电阻值。应变片的生产日渐标准化，常用应变片阻值一般取 120 Ω(也有取 60 Ω、250 Ω、350 Ω、500 Ω、1000 Ω 等几种)。

(2)灵敏度系数。指应变片电阻变化率和对应应变值之间的比率。应变片的灵敏度系数与敏感栅的金属材质，几何尺寸及绕制形式、制作工艺有关。应变片的灵敏度系数都由生产厂家在出厂前批量抽样实验标定出来。我国常用应变片的灵敏度系数一般在 1.5～2.5 之间。

(3)尺寸。包括应变片敏感栅的栅长和栅宽，一般为 0.2～100 mm。选用时要根据所测构件及测量要求选择。

(4)绝缘电阻。指应变片引出线与安装应变片的构件之间的电阻值。它用测量电压在 30～100 V 之间的绝缘电阻测试仪测出。短时间使用，绝缘电阻阻值应为 50～100 MΩ，长期使用则绝缘电阻阻值不低于 500 MΩ。这个电阻值也用于判断应变片黏结层固化程度和是否受潮。

(5)应变极限。温度不变，使试件应变逐渐加大。当应变片的指示应变与试样实际应变的相对误差达到某一规定值(例如 10%)时，此时的试件应变为该应变片的应变极限。在一批应变片中，按一定百分率抽样测定应变片的应变极限值，取其中最低的应变极限值，定为这批应变片的应变极限。

应变片的参数还包括横向效应、机械滞后、疲劳寿命、允许电流、蠕变、疲劳寿命(静应变测量可不考虑)等参数，在实际测量时，应根据测量精度要求选择参数。

(二)电阻应变片的工作原理

以最简单的丝绕式应变片为例，从单根金属丝的电阻应变效应，即金属的电阻值随机械变形而产生的物理变化出发来进行分析。

设长度为 l、截面积为 S、电阻率为 ρ 的匀质金属丝，其电阻值为

$$R=\rho l/S$$

等式两边取微分，得

$$\frac{\mathrm{d}R}{R}=\frac{\mathrm{d}\rho}{\rho}+\frac{\mathrm{d}l}{l}-\frac{\mathrm{d}S}{S} \tag{2.1}$$

式中：$\frac{\mathrm{d}R}{R}$——电阻的相对变化；

$\frac{d\rho}{\rho}$——电阻率的相对变化；

$\frac{dl}{l}$——金属丝长度相对变化，且 $\varepsilon = dl/l$ 称为金属丝长度方向上的应变或轴向应变；

$\frac{dS}{S}$——截面积的相对变化。

若金属丝的直径为 D，则有：

$$\frac{dS}{S} = 2\frac{dD}{D} = 2\left(-\frac{\mu dl}{l}\right)$$

式中：μ——金属丝材料的泊松比。

所以

$$\frac{dR}{R} = \frac{d\rho}{\rho} + (1 + 2\mu)\frac{dl}{l} \tag{2.2}$$

式(2.2)表明，金属丝受力变形后，其几何尺寸变化会引起其电阻的变化，这就是金属丝的应变-电阻效应。

$\frac{d\rho}{\rho}$是由金属丝变形引起的金属电阻率变化，属于材料性能的范畴。一般认为，常温情况下金属材料的性能是保持稳定不变的。故式(2.2)可改为

$$\frac{\Delta R}{R} = K_s\frac{\Delta l}{l} = K_s\varepsilon \tag{2.3}$$

由式(2.3)可知：金属丝电阻相对变化率$\frac{\Delta R}{R}$与它的线应变 ε 成正比，这就是电阻应变效应的定量表达式，也是电阻应变片的工作原理。通过测量电阻应变片电阻值变化率，即可获得构件表面的长度变化率——应变。

式(2.3)中，比例系数K_s称为应变片的灵敏度系数(单位应变引起的电阻相对变化)，它表明应变片电阻对应变的敏感程度。这一系数不仅与敏感栅材料的泊松比有关，并且与敏感栅变形后电阻率的相对变化有关。

灵敏系数是应变片的重要参数，只能通过实验的手段进行标定。通常应变片的灵敏系数由制造厂家按批次抽样测定，在出厂的时候必须标明。

(三)电阻应变片的温度特性

当应变片安装在可以自由膨胀的试件上，且试件不受外力作用时，若环境温度不变，则应变片的应变为零，若环境温度变化，则应变片产生应变输出。这种由于温度变化而产生的应变输出，称为应变片的热输出。

应变片产生热输出的原因主要有以下两个：

1. 应变计敏感栅材料本身的电阻值变化

温度变化引起电阻应变片敏感栅阻值变化，从而使应变片产生附加应变为

$$\varepsilon_{t\alpha} = \frac{\Delta R_{t\alpha}/R}{K_s} = \alpha\frac{\Delta t}{K_s} \tag{2.4}$$

式中：K_s——应变片的灵敏度系数；

α——应变片敏感栅材料的电阻温度系数。

2. 附加变形

敏感栅材料与试样材料的线膨胀系数不同，使敏感栅产生了附加变形。当温度变化时，牢固粘贴在试件上的应变片与试样在应变片栅长方向上会发生变化，由于试样材料与电阻应变片敏感栅材料的线膨胀系数不同，将产生附加应变。由于膨胀系数不同而产生热输出为

$$\varepsilon_{t\beta}=\frac{\Delta R_{t\beta}/R_0}{K_s}=(\beta_{试样}-\beta_{敏感栅})\Delta t \tag{2.5}$$

式中：$\beta_{试样}$——试样的线膨胀系数；

$\beta_{敏感栅}$——敏感栅的线膨胀系数。

这样，温度变化引起的电阻应变片总的虚假应变量（热输出）为

$$\varepsilon_t=\alpha\frac{\Delta t}{K_s}+(\beta_{试样}-\beta_{敏感栅})\Delta t \tag{2.6}$$

温度引起的应变测量误差（热输出）除与环境温度变化有关外，还与电阻应变片本身的性能参数（K_s、α、$\beta_{敏感栅}$）以及试样的线膨胀系数$\beta_{试样}$有关。这些因素实际上难以准确测量，同时热输出还与其他因素有关，例如粘贴应变片的工艺，所以一般采用实验的方法测定应变片热输出曲线。

由以上分析可知：应变片工作时，其应变栅变形由两部分构成，一部分是受粘贴构件表面变形影响而产生变形，另一部分是因温度变化而产生的热输出，这两部分变形都会引起电阻值的变化，分别用ε_p和ε_t表示，下标 p 表示载荷，下标 t 表示温度。载荷引起的变化是实验需要精确测量的相关量，而温度引起的变化是干扰测量结果的量。要保证测量的精确度，温度的影响必须去除。

（四）电阻应变测量电路及工作原理

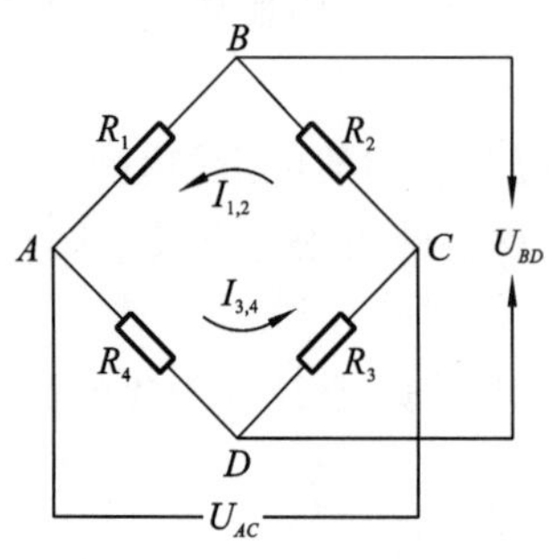

图 2.4 惠斯通电桥

电阻应变片将被测结构件表面上的变形转换化为其电阻变化率，惠斯通电路将应变片的电阻变化率转换成电压信号，建立电压信号和应变（变形）的关系，因此，工程中通常采用惠斯通电路（习惯上称为惠斯通电桥）作为应变测量电路。

惠斯通电桥如图 2.4 所示。将应变片或其他电阻元件分别接入电路 AB、BC、CD、DA 四个桥臂即构成测量电路，电路中 R_1、R_2、R_3、R_4 可以均采用电阻应变片，也可以部分采用电阻应变片，其他桥臂辅助接入温度系数很小的精密无感标准固定电阻等。顶点 A、C 为电桥的输入端，即电源端，顶点 B、D 为电桥的输出端，亦即测量端。

在输入端 A、C 加一电压为U_{AC}的电源，可以是直流也可以是交流电源。以直流电桥分析为例，根据电路理论，应变电桥的输出直接连接电子放大器的输入端，放大器的输入阻抗一般很大，因此，可以近似认为电桥输出端是开路的，分析此时输出端的电压，可将问题化简为求 B、D 点间的电压（电位差）。

A、C 间输入电压用U_{AC}表示。因 B、D 间被视为开路状态，故输出端电流的表达式为

$$I_{1,2}=\frac{U_{AC}}{R_1+R_2}$$

由此得到 R_1 两端的电压降为

$$U_{AB}=I_{1,2}R_1=\frac{R_1}{R_1+R_2}U_{AC}$$

同理，R_4 两端的电压降为

$$U_{AD}=\frac{R_4}{R_3+R_4}U_{AC}$$

可以得到电桥输出电压为

$$U_{BD}=U_{AB}-U_{AD}=\left(\frac{R_1}{R_1+R_2}-\frac{R_4}{R_3+R_4}\right)U_{AC} \tag{2.7}$$

当 $U_{BD}=0$，电桥平衡，此时桥臂电阻满足：

$$R_1R_3=R_2R_4 \tag{2.8}$$

公式(2.8)称为电桥的平衡特性。

若此时各桥臂电阻分别产生阻值变化为 ΔR_1、ΔR_2、ΔR_3、ΔR_4，由公式(2.7)知此时电桥的输出电压由 0 变为

$$U_{BD}=\left(\frac{R_1+\Delta R_1}{R_1+\Delta R_1+R_2+\Delta R_2}-\frac{R_4+\Delta R_4}{R_3+\Delta R_3+R_4+\Delta R_4}\right)U_{AC} \tag{2.9}$$

联合 $R_1R_3=R_2R_4$ 和 $\Delta R_i<R_i$，并略去高阶微量，可得：

$$U_{BD}=\frac{U_{AC}}{4}\left(\frac{\Delta R_1}{R_1}-\frac{\Delta R_2}{R_2}+\frac{\Delta R_3}{R_3}-\frac{\Delta R_4}{R_4}\right) \tag{2.10}$$

相同的电阻应变片，其灵敏系数 K_s 也相同，将 $\Delta R/R=K_s\varepsilon$ 代入公式(2.10)中，便可得到电桥的输出电压：

$$U_{BD}=\frac{U_{AC}K_s}{4}(\varepsilon_1-\varepsilon_2+\varepsilon_3-\varepsilon_4) \tag{2.11}$$

式中：ε_1、ε_2、ε_3、ε_4——AB、BC、CD、DA 四个桥臂应变片的应变；

由公式(2.10)和公式(2.11)可知，测量电桥有如下特性：

①两相邻桥臂上应变片所感受的应变，代数值相减；

②两相对桥臂上应变片所感受的应变，代数值相加。

公式(2.10)和公式(2.11)都被形象地称作应变测量电桥的“加减”特性。

(五)电阻应变测量电路的接线(组桥)方法及温度补偿

惠斯通电路有两个特性：一是电路的平衡特性，二是电路输出结果的“加减”特性。应变片可感受两种变形：一是被测结构件应变片粘贴处在载荷作用下产生的变形，二是温度影响产生的变形。

在应变电测工作中，合理地、巧妙地利用测量电桥的特性，可以做到：

①消除环境温度变化引起的误差；

②提高测试灵敏度；

③可以使复杂结构件中的某些内力分量测量更简便。

常用的温度补偿方法有两种：一是组桥时接入温度补偿片，二是组桥时利用工作片互相补偿。

在同一个测量项目中，温度补偿片应满足下四个条件：

①工作应变片和温度补偿应变片必须采用同一批号，其电阻值 R、灵敏系数K_s、温度系

数 α、线膨胀系数 β 等参数都相同；

②补偿块和结构件或试样的材质必须相同，并且补偿块不受外力作用；

③温度补偿应变片应和工作应变片处于同一工作环境中；

④温度补偿应变片和工作应变片的粘贴工艺要相同。

常用的应变测量电路的接线组桥方法有以下几种。

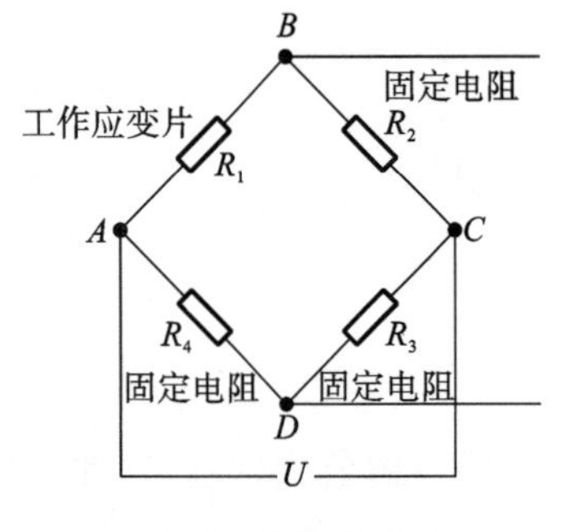

图 2.5 单臂接线法

1. 单臂接线法(瞬态测量)

在测量电桥 AB 桥臂上接工作应变片 R_1，另外三个桥臂接精密无感的标准固定电阻，这种接线组桥方法就是单臂接线法，如图 2.5 所示。

此时，AB 桥臂上应变片R_1的应变为ε_1，其他桥臂的固定电阻因为阻值变化为 0，所以输出也为 0，因此由公式(2.11)知电桥的输出为

$$U_{BD}=\frac{U_{AC}K_s}{4}\varepsilon_1 \tag{2.12a}$$

前面分析过，应变片R_1的应变包含两部分，载荷引起的应变ε_p和温度引起的应变ε_t，即

$$\varepsilon_1=\varepsilon_p+\varepsilon_t$$

则应变仪读数为

$$\varepsilon_d=\varepsilon_p+\varepsilon_t \tag{2.12b}$$

因此这种接线法不能消除温度的影响，在静态应变测量中很少使用，仅在载荷作用时间极短的瞬态应变测量中使用，比如爆破信号相关的测试。

2. 半桥接线法

测量电桥中 AB、BC 两桥臂上分别接电阻应变片，CD 和 DA 两桥臂上采用标准电阻，这种接桥方式称为半桥接线法。

半桥接线法又可分下列两种。

1)单臂半桥接线法(简称 1/4 桥)

电桥 AB 桥臂接入的是工作应变片R_1，BC 桥臂接入的是温度补偿应变片R_2，其他两桥臂接固定电阻，习惯称为 1/4 桥，如图 2.6 所示。

此时：AB 桥臂工作片R_1的应变为

$$\varepsilon_1=\varepsilon_p+\varepsilon_t$$

BC 桥臂温补片R_2只受环境温度变化影响，其应变为ε_t。

电路输出为

$$U_{BD}=\frac{U_{AC}K_s}{4}(\varepsilon_1-\varepsilon_t) \tag{2.13a}$$

应变仪读数为

$$\varepsilon_d=\varepsilon_p+\varepsilon_t-\varepsilon_t=\varepsilon_p \tag{2.13b}$$

读数ε_d就是构件上被测点载荷引起的应变ε_p，这种接线法能够消除环境温度变化引起的应变读数误差。

2)双臂半桥接线法(简称半桥)

在测量电桥 AB 桥臂接入工作应变片R_1，BC 桥臂接入工作应变片R_2，CD 和 DA 两桥

臂接入标准固定电阻，如图 2.7 所示。

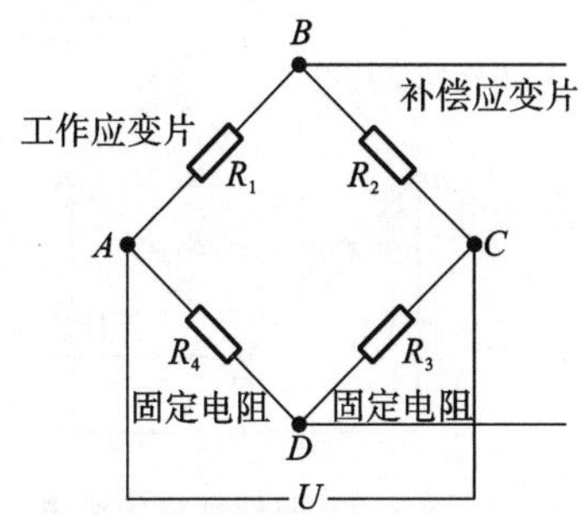

图 2.6　单臂半桥接线法(1/ 4 桥测量法)

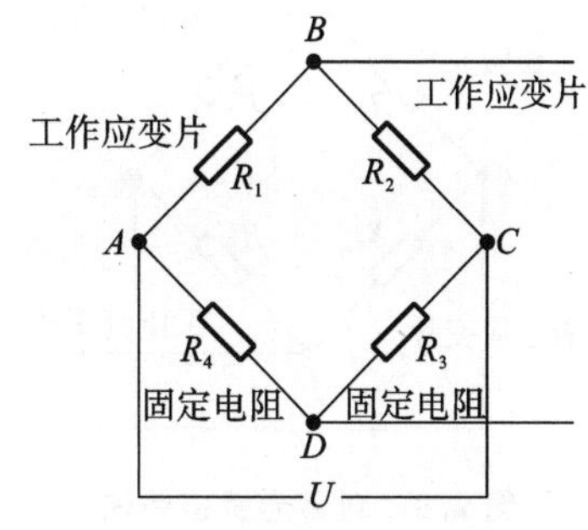

图 2.7　双臂半桥接线法图

此时：AB 桥臂R_1的应变$\varepsilon_1=\varepsilon_{1p}+\varepsilon_t$，其中$\varepsilon_{1p}$为载荷引起的工作应变片$R_1$的应变，$BC$ 桥臂R_2的应变$\varepsilon_2=\varepsilon_{2p}+\varepsilon_t$，其中$\varepsilon_{2p}$为载荷引起的工作应变片$R_2$的应变。

电路输出为

$$U_{BD}=\frac{U_{AC}K_s}{4}(\varepsilon_{1p}-\varepsilon_{2p}) \tag{2.14a}$$

应变仪读数为

$$\varepsilon_d=\varepsilon_{1p}-\varepsilon_{2p} \tag{2.14b}$$

采用这种接线法时，两个工作应变片R_1和R_2应变中的温度影响部分自动抵消，应变仪的读数是相邻两个桥臂工作应变片载荷应变的代数和。

3. 全桥接线法

在测量电桥的四个桥臂上全部接电阻应变片，称为全桥接线法。全桥接线法又分为对臂全桥接线法和四臂全桥接线法。

1)对臂全桥接线法

测量电桥的四个桥臂中，只有相对的两个桥臂接工作应变片，另一对桥臂接温度补偿应变片，如图 2.8 所示。

电桥 AB 桥臂接入工作应变片R_1，BC 桥臂接入温度补偿应变片R_2，CD 桥臂接入工作片R_3，DA 桥臂接入温度补偿应变片R_4。

此时：AB 桥臂R_1的应变$\varepsilon_1=\varepsilon_{1p}+\varepsilon_t$，$BC$ 桥臂R_2的应变为ε_t，CD 桥臂R_3的应变$\varepsilon_3=\varepsilon_{3p}+\varepsilon_t$，$DA$ 桥臂R_4的应变为ε_t。

电路输出为

$$U_{BD}=\frac{U_{AC}K_s}{4}(\varepsilon_{1p}+\varepsilon_{3p}) \tag{2.15a}$$

应变仪读数为

$$\varepsilon_d=\varepsilon_{1p}+\varepsilon_{3p} \tag{2.15b}$$

采用这种接线法时，两个工作片R_1和R_3应变中的温度影响部分与两个温度补偿应变片的应变互相抵消，应变仪的读数是相对两个桥臂工作应变片载荷应变的代数和。

2)四臂全桥接线法

测量电桥中四个桥臂均接入工作应变片，电桥 AB 桥臂接入工作应变片R_1，BC 桥臂接入工作应变片R_2，CD 桥臂接入工作应变片R_3，DA 桥臂接入工作应变片R_4，如图 2.9 所示。

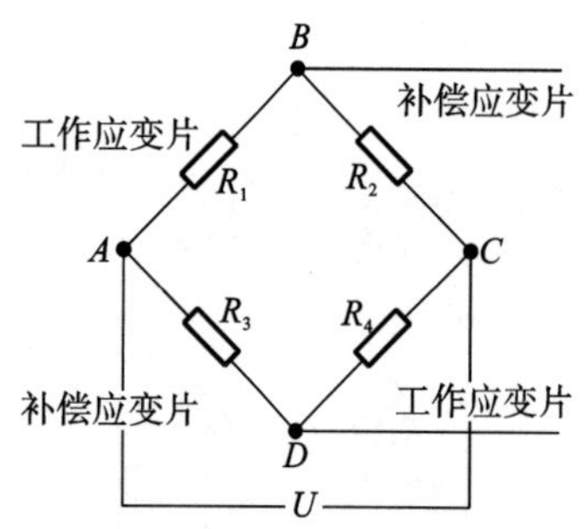

图 2.8　对臂全桥接线法

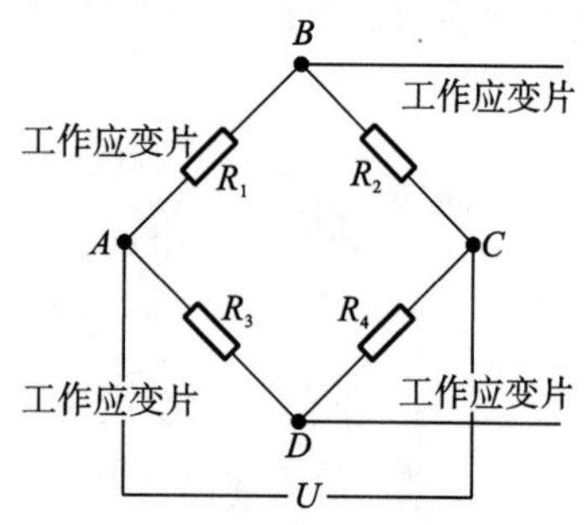

图 2.9　四臂全桥接线法

此时：AB 桥臂R_1的应变$\varepsilon_1=\varepsilon_{1p}+\varepsilon_t$，$BC$ 桥臂R_2的应变$\varepsilon_2=\varepsilon_{2p}+\varepsilon_t$，$CD$ 桥臂R_3的应变$\varepsilon_3=\varepsilon_{3p}+\varepsilon_t$，$DA$ 桥臂R_4的应变$\varepsilon_4=\varepsilon_{4p}+\varepsilon_t$。

电路输出为

$$U_{BD}=\frac{U_{AC}K_s}{4}(\varepsilon_{1p}-\varepsilon_{2p}+\varepsilon_{3p}-\varepsilon_{4p})\tag{2.16a}$$

应变仪读数为

$$\varepsilon_d=\varepsilon_{1p}-\varepsilon_{2p}+\varepsilon_{3p}-\varepsilon_{4p}\tag{2.16b}$$

采用这种接线法时，四个工作应变片R_1、R_2、R_3和R_4各自应变中的温度影响部分互相抵消，应变仪的读数是四个桥臂工作应变片载荷应变的代数和。

无论是采用对臂全桥接线法还是四臂全桥接线法组成测量电桥，都可消除环境温度变化引起的误差。

4. 串并联接线法

在应变测量中，也可以将两个或多个应变片串联或并联起来接入测量桥臂，如图 2.10 和图 2.11 所示。

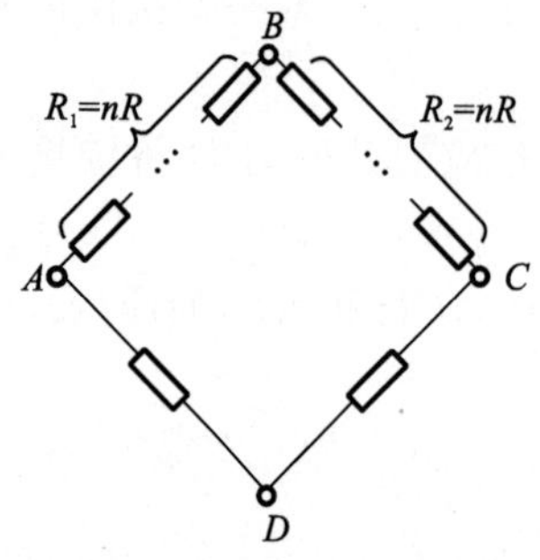

图 2.10　串联双臂接线法图

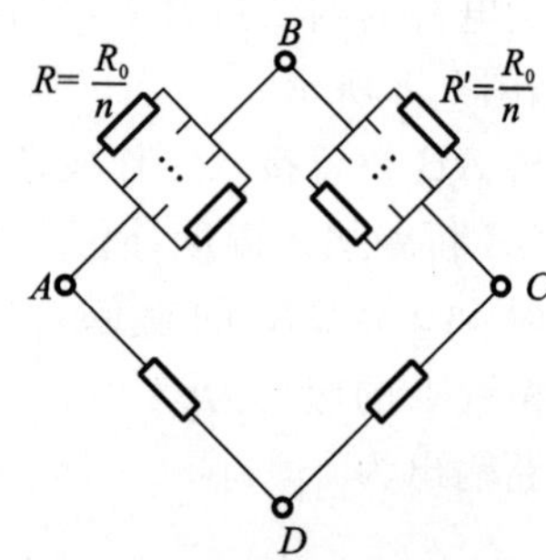

图 2.11　并联双臂接线法

1)串联时桥臂应变的计算

图 2.10 所示电桥，在 AB 桥臂中串联多个阻值为 R 的电阻应变片，则该桥臂的总电阻阻值为 nR。当每个应变片的电阻变化为 $\Delta R_1'$，$\Delta R_2'$，…，$\Delta R_n'$时，则：

$$\varepsilon_1=\frac{1}{K}\frac{\Delta R}{R}=\frac{1}{K}\left(\frac{\Delta R_1'+\Delta R_2'+\cdots+\Delta R_n'}{nR}\right)\tag{2.17a}$$

$$\varepsilon_1=\frac{1}{n}(\varepsilon_1'+\varepsilon_2'+\cdots+\varepsilon_n')\tag{2.17b}$$

由以上分析可知，串联后桥臂的应变为 n 个应变片应变的平均值。当每个桥臂中串联的各个应变片的应变相同时，即$\varepsilon_1{}'=\varepsilon_2{}'=\cdots=\varepsilon_n{}'=\varepsilon'$时，有：

$$\varepsilon_1=\varepsilon'$$

2)并联时桥臂应变的计算

对于图 2.11 所示电桥，假设 AB 桥臂中并联了 n 个电阻，阻值分别为 $R_1, R_2, \cdots, R_n$，根据电路理论，AB 桥臂等效电阻为 R，则有：

$$\frac{1}{R}=\frac{1}{R_1}+\frac{1}{R_2}+\cdots+\frac{1}{R_n}$$

等式两边同时取全微分，有：

$$-\frac{1}{R^2}\mathrm{d}R=-\frac{1}{R_1{}^2}\mathrm{d}R_1-\frac{1}{R_2{}^2}\mathrm{d}R_2-\cdots-\frac{1}{R_n{}^2}\mathrm{d}R_n$$

如果 R_1、R_2，…，R_n都等于 R_0，则等效电阻 $R=R_0/n$，有：

$$-\frac{1}{\left(\frac{R_0}{n}\right)^2}\mathrm{d}R=-\frac{1}{R_0{}^2}\mathrm{d}R_1-\frac{1}{R_0{}^2}\mathrm{d}R_2-\cdots-\frac{1}{R_0{}^2}\mathrm{d}R_n$$

整理得：

$$\mathrm{d}R=\frac{1}{n^2}(\mathrm{d}R_1+\mathrm{d}R_2+\cdots+\mathrm{d}R_n)$$

$$\frac{\mathrm{d}R}{R}=\frac{1}{R_0/n}\mathrm{d}R=\frac{1}{n}\left(\frac{\mathrm{d}R_1}{R_0}+\frac{\mathrm{d}R_2}{R_0}+\cdots+\frac{\mathrm{d}R_n}{R_0}\right) \tag{2.18a}$$

所以：

$$\varepsilon_1=\frac{1}{K}\frac{\Delta R}{R}=\frac{1}{n}(\varepsilon_1+\varepsilon_2+\cdots+\varepsilon_n) \tag{2.18b}$$

可见，阻值相同的应变片并联时，总等效电阻的等效应变为 n 个应变片应变变化的平均值。

(六)电阻应变测量电路的灵活接线(组桥)举例与相关桥臂系数

以测量等强度梁的弯曲应变ε_x为例。在图 2.12 所示的等强度梁上选两个截面Ⅰ和Ⅱ，截面Ⅰ上、下表面各粘贴一片电阻应变片R_1和R_2，截面Ⅱ同样上、下各粘贴一片电阻应变片R_3和R_4，以上四片应变片粘贴时栅长方向都和梁的纵向一致，另备有一粘贴应变片R_5和R_6的温度补偿块，所有电阻应变片的规格、型号及基本参数都相同。

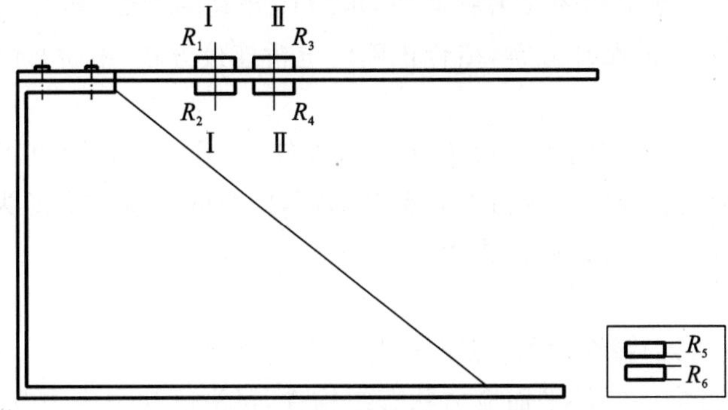

图 2.12　等强度梁的弯曲应变测量

第一种接线法：按照图 2.6 接线，分别将R_1和R_2接入电桥的 AB 臂和 BC 臂，另两个桥臂分别接入精密固定电阻，组成 1/4 桥，测量等强度梁在载荷 F 作用下的弯曲应变ε_x，此时，电桥的输出为

$$U_{BD}=\frac{U_{AC}K_s}{4}\varepsilon_x$$

应变仪读数为 $$\varepsilon_d=\varepsilon_x$$

第二种接线法：按照图 2.7 接线，分别将R_1和R_2接入电桥的 AB 臂和 BC 臂，另两个桥臂各接入精密固定电阻，组成半桥，测量等强度梁在载荷 F 作用下的弯曲应变ε_x，此时，电桥输出为

$$U_{BD}=\frac{U_{AC}K_s}{4}(\varepsilon_x-(-\varepsilon_x))$$

$$U_{BD}=2\times\frac{U_{AC}K_s}{4}\varepsilon_x$$

应变仪读数为 $$\varepsilon_d=2\varepsilon_x$$

以上两种接线组桥方法，虽然应变仪的测量读数结果不同，但是都能测出等强度梁在载荷 F 作用时的弯曲应变，并且也都消除了温度的影响。第一种接线法采用了 1/4 桥，利用温度补偿应变片消除温度影响，测量结果就是弯曲应变ε_x；第二种接线法采用了半桥，温度影响自动抵消，测量结果是 2 倍的弯曲应变 2 ε_x。

由以下对两种接线法的分析可以看出，第二种方法下的测量结果显然比第一种方法下的测量结果更精确，相当于把结果放大两倍显示。这里的 2 倍关系，就是应变测量电路的桥臂系数，又称电桥的灵敏系数。

可见，灵活的接线组桥方式，不但可以消除温度变化对测量结果的影响，还可以提高测量电桥的桥臂系数，桥臂系数最高可以达到 4 倍。因此，实际测量应变时，应根据具体情况和测量目的灵活组桥。

另外，灵活的接线组桥，还可以使某些测量得到简化，这些我们将在后续的实验中体验到。

二、应力测量及计算方法

电阻应变片直接测量的是被测结构件表面沿电阻应变片轴向的应变，而测量的目的是结构件的应力，因此，还需要根据应力-应变的关系，通过应变，计算出应力值。

当构件处于复杂的或未知的应力状态时，电阻应变片的粘贴（布片）必须视具体情况并根据胡克定律，制定正确的贴片方案，结合正确的电桥连接方式（组桥）才能测量出主应力及主方向。

（1）对于主应力方向已知的单向应力状态结构件，贴片方式比较直观，将应变片的栅长方向沿结构件在测量位置处的主应力方向粘贴即可，此时的测量应变即为主应变，根据单向应力状态下的胡克定律，应力计算公式为

$$\sigma=E\varepsilon \tag{2.19}$$

式中：E——结构件材料的弹性模量，以下公式 E 含义相同。

（2）对于主应力方向已知的平面应力状态结构件，可沿已知主应力方向各粘贴一片应变片或采用相应形式的应变花，测出已知主应力方向的主应变ε_1和ε_2，根据广义胡克定律，应力

计算公式为

$$\begin{cases}\sigma_1=\dfrac{E}{1-\mu^2}(\varepsilon_1+\mu\varepsilon_2)\\ \sigma_2=\dfrac{E}{1-\mu^2}(\varepsilon_2+\mu\varepsilon_1)\end{cases} \tag{2.20}$$

(3)对于主应力方向未知的平面应力状态结构件，可选用合适的应变花贴片测量，即在结构件测量点表面沿三个不同方向各粘贴一片应变片，且保证应变片的栅长方向分别与选定的三个方向一致，根据三个粘贴方向的角度，选用相应的公式计算。

常用的应变花是按规定的角度布置应变片的，有 45°应变花、60°应变花、120°应变花等。

其中 45°直角应变花是工程测量中最常用的一种形式，通过测量应变花三个方向的应变 ε_{45}、ε_0 和 ε_{-45}（下标 45、0、−45 分别表示该应变片栅长方向与设定基准方向的夹角大小，也有用下标 0、45、90 表示），计算其主应变、主应力大小及主应力方向，公式为

$$\left.\begin{matrix}\varepsilon_1\\ \varepsilon_2\end{matrix}\right\}=\frac{1}{2}(\varepsilon_{45}+\varepsilon_{-45})\pm\frac{1}{\sqrt{2}}\sqrt{(\varepsilon_0-\varepsilon_{45})^2+(\varepsilon_0-\varepsilon_{-45})^2} \tag{2.21}$$

$$\left.\begin{matrix}\sigma_1\\ \sigma_2\end{matrix}\right\}=\frac{E}{2(1+\mu)}\left[\frac{1+\mu}{1-\mu}(\varepsilon_{-45}+\varepsilon_{45})\pm\sqrt{2}\sqrt{(\varepsilon_{-45}-\varepsilon_0)^2+(\varepsilon_0-\varepsilon_{45})^2}\right] \tag{2.22}$$

$$\tan2\theta=\frac{\varepsilon_{-45}-\varepsilon_{45}}{2\varepsilon_0-\varepsilon_{45}-\varepsilon_{-45}} \tag{2.23}$$

60°应变花、120°应变花的计算公式本书略。

实验一　电阻应变片的粘贴实验

一、实验目的

(1) 初步掌握常温电阻应变片的粘贴技术。

(2) 初步掌握应变片接线、防潮和检查等工序。

二、实验设备和器材

(1) 等强度梁试样。

(2) 四位直流电桥(用于检查、选择电阻应变片)。

(3) 兆欧表(用于检查应变片粘贴后的绝缘电阻)。

(4) 万用表。

(5) 电烙铁。

(6) 常温箔式电阻应变片(六片)。

(7) 连接导线、绝缘胶、绝缘端子等。

(8) 502 黏结剂,硅橡胶密封剂(703 或 704)。

(9) 丙酮、脱脂棉等清洗物品。

三、实验原理

1. 电阻应变片的基本构造及性能参数

本实验采用的应变片为如图 2.13 所示的箔式应变片,其电阻值 120 Ω,灵敏度系数为 2.08。

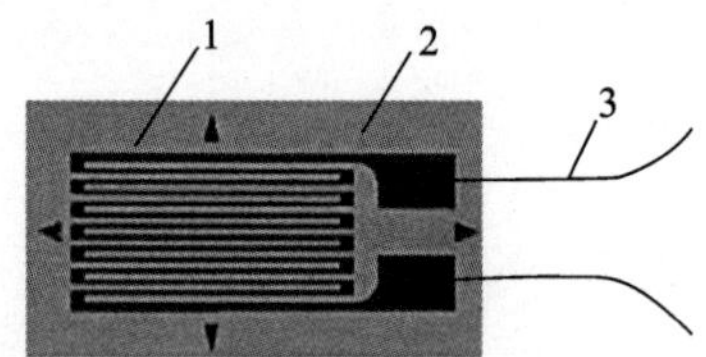

图 2.13　箔式应变片

1—敏感栅;2—基底及覆盖层;3—引出线

粘贴时,应变片的基底与试样直接接触,并用黏结剂相互粘牢,这样做的目的是保证电阻应变片与试样同步变形,以准确地把试样变形传递给敏感栅,而且保证试样与敏感栅之间有足够大的绝缘度。基底常用纸基或胶膜薄片制成。覆盖层的作用是保护敏感栅,防止有害介质腐蚀敏感栅,材料与基底相同。

2. 等强度梁的特性

等强度梁是一种矩形变截面悬臂梁,其特点是,当梁自由端承受载荷,梁发生弯曲变形时,梁沿纵向轴线方向任一横截面的弯曲正应力(弯曲强度)都相等。等强度梁相关理论可查阅《材料力学》或《工程力学》教材相关内容。

四、实验要求

电阻应变片的粘贴是应变测量技术非常关键的环节，粘贴质量对测量结果影响很大。粘贴质量好，可以保证完整的实验结果和足够的测量精度；粘贴质量差，会降低测量精度甚至可能使实验测量失败。

本实验用等强度梁试样作为待测结构件，实施贴片操作。根据等强度梁的特性，测量等强度梁的应力应变，在粘贴应变片时，应保证应变片敏感栅纵向轴线与梁的纵向轴线方向一致，如有夹角，将会使测量结果有误差。应变片粘贴要求如下：

在图 2.14 所示等强度梁上、下表面标注位置分别粘贴 2 片应变片：沿轴向粘贴一片应变片 R_1，横向粘贴一片应变片 R_2；下表面沿轴向粘贴一片应变片 R_3，横向粘贴一片应变片 R_4。其中下表面的 R_3、R_4 分别与上表面的 R_1、R_2 对称，共粘贴 4 片应变片。另有 2 片应变片 R_5、R_6 粘贴在与等强度梁同材质的金属块上，作为温度补偿块。

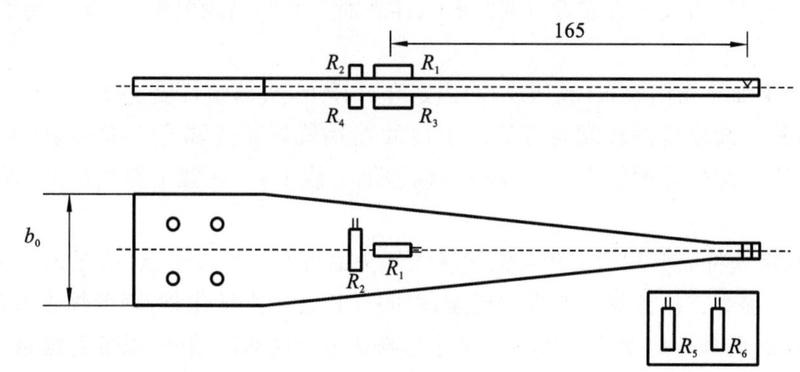

图 2.14　等强度梁试样及电阻应变片贴片位置示意图

五、实验方法和步骤

1. 检查分选应变片

(1) 应变片的外观检查。敏感栅形状有缺陷或有锈蚀的，应变片引线有松动脱落的，应变片密封不好(发现有气泡)的，都要弃用。

(2) 用四位直流电桥测量各应变片的电阻值，选择电阻值相差在 0.4 Ω 以内(实际科研或工程测量要求更高，差值在 0.2 Ω 以内)的 6 片应变片备用。注意：不要用手直接触摸应变片基底。

2. 试样表面准备

(1) 试样贴片处的漆层或其他明显附着物可用刮刀刮掉。

(2) 用细砂纸，沿与试样轴向成 45°方向对试样贴片处进行打磨除锈，至见金属底色(发亮)。

(3) 用浸有丙酮的棉球清洁擦洗待贴位置及其附近区域，多次擦洗直至棉球洁白无污为止。清洁干净后的表面勿用手指或其他不干净的工具接触。注意：丙酮是挥发性有机液体，易燃，有微毒，使用时请注意安全。

(4) 用直尺、铅笔画出粘贴应变片位置的十字定位线，注意：留出足够的贴片面积。

3. 应变片的粘贴

(1) 一手拿住应变片引出线，一手拿 502 黏结剂瓶，在应变片基底底面(无引线焊点面)

上均匀涂抹一薄层黏结剂后，立即将应变片底面向下平放在试样贴片处，并使应变片基准对准定位线。将一小片聚四氟乙烯薄膜盖在应变片上，用大拇指柔和滚压挤出多余黏结剂，保证无气泡。注意：此时要避免应变片滑移，手指保持不动约 1 min，使应变片和试样完全黏合后再放开。然后沿应变片无引线的一端开始向有引线的一端揭掉薄膜，用力方向尽量与粘贴表面平行，以防将应变片带起。

（2）检查有无气泡、翘曲、脱胶等现象，如有需重贴。注意黏结剂用量不要过多或过少，过多会使胶层太厚而影响应变片性能，过少则黏结不牢，不能准确传递应变。注意：如不小心被 502 胶黏住手指，可用棉花蘸上丙酮擦洗。

（3）将引出线与试样轻轻脱开，待黏结剂干燥固化后，再用万用表检查应变片是否通路。

4. 固定及焊接引线

（1）在应变片引线焊点前方约 5 mm 处试样表面上粘贴接线端子片，如果没有接线端子片，也可以在应变片引线下方靠近应变片的试样表面上粘贴绝缘胶带，保证应变片引线与试样绝缘。

（2）将测量细导线用胶布（或压线片）固定在试样上，头部塑料皮去掉约 3 mm 并涂裹薄薄一层焊锡，使导线涂裹焊锡端与应变片引出线在接线端子焊锡点上方接触（无接线端子的，将应变片引出线轻轻缠绕在去皮涂裹焊锡的细导线上）。注意不要太用力，以免扯断引出线。

（3）用电烙铁将应变片引出线与测量导线端头锡焊在接线端子上（见图 2.15）。焊点要光滑饱满，防止虚焊。注意焊接要准确迅速，时间过长会产生氧化物，降低焊点质量，而且有可能因温度过高而损坏应变片。将各应变片与测量细导线对应编号，以备后续测量使用。

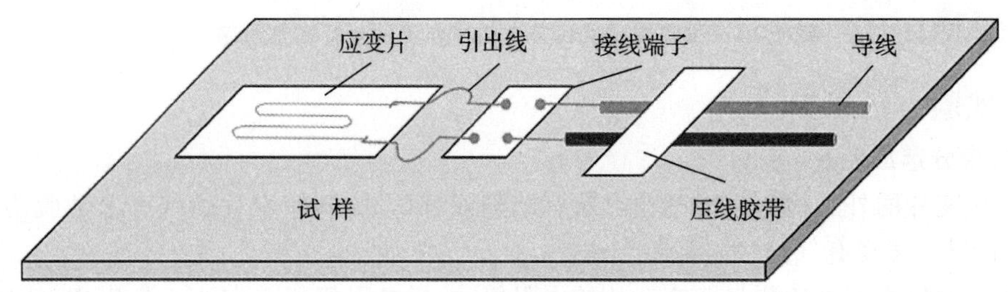

图 2.15 应变片焊接连线示意图

5. 检查贴片焊接质量

（1）用万用表检查应变片是否通路，检查阻值变化是否在 120 Ω 左右。黏结层不能有气泡，应变片边缘不应有翘起而未粘住的地方。

（2）应变片敏感栅与试样间的电阻称为绝缘电阻，用兆欧表检查各应变片（一根导线）与试样之间的绝缘电阻，其阻值应大于 100 MΩ。

（3）电阻应变片的防护处理。应变片的工作极易受到外界环境有害因素（如水、蒸汽、机油等）的影响，针对不同的工作条件、工作期限及所要求的测量精度等，为保证使用安全可靠，对贴好的应变片应实施防护。应变片的防护方法很多，常用覆盖石蜡、凡士林或防潮剂等方法对贴好的应变片实施防护。本实验采用硅橡胶密封剂（703 或 704）将应变片区域表面覆盖，放置 24 h 凝固后即可达到较好的防潮效果；一定的覆盖厚度，对应变片还具有相应的机械保护作用。

六、实验报告要求

(1) 说明实验目的、应变片参数、贴片方案，给出接线、检查等主要步骤。

(2) 绘制布片图。

七、思考题

(1) 电阻应变片的主要参数有哪些?

(2) 如何确定应变片的粘贴方向?

(3) 如何检查应变片是否粘贴良好?

(4) 应变片的粘贴质量对应变测量精度有什么影响?

(5) 可以采取哪些措施来保证应变片的粘贴质量?

实验二　电阻应变片测量原理及接线实验

一、实验目的

(1) 掌握利用电阻应变片测量应变的原理。

(2) 熟悉电阻应变测量电路的原理及应用,掌握1/4桥、半桥、全桥等各种电桥的接线方法。

(3) 了解电阻应变仪的工作原理,掌握电阻应变仪的操作方法。

(4) 熟悉等强度梁的应力特性,测量等强度梁的弯曲应变。

二、实验设备和器材

(1) 数字式静态电阻应变仪。

(2) 等强度梁实验装置。

(3) 温度补偿块。

三、实验原理

1. 等强度梁实验装置

等强度梁实验装置其实是一个悬臂梁结构,如图2.16所示。该结构以悬臂梁的形式承受载荷,梁构件水平截面形状近似为等腰三角形(见图2.14),集中力F作用在自由端。由悬臂梁的弯曲应力分析可知,等强度梁各横截面的最大正应力都相等,故称此梁为等强度梁(又称等应力梁)。等强度梁各横截面的应变计算公式为

$$\varepsilon=\frac{\sigma}{E}=\frac{6FL}{E b_0 t^2} \tag{2.24}$$

式中:F——载荷;

L——梁的长度;

b_0——梁固定端处的宽度;

t——梁的厚度;

E——等强度梁材料的弹性模量。

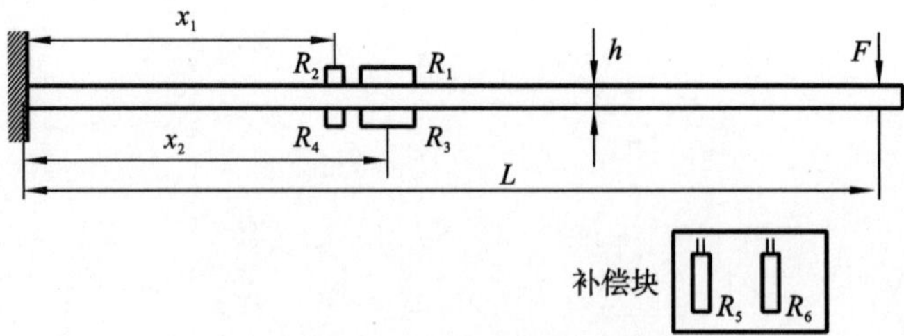

图2.16　等强度梁实验装置

2. 等强度梁贴片布置

等强度梁上、下表面标注位置分别粘贴2片应变片:沿轴向粘贴一片应变片R_1,横向粘贴一片应变片R_2;下表面沿轴向粘贴一片应变片R_3,横向粘贴一片应变片R_4。其中下表面

的R_3、R_4分别与上表面R_1、R_2对称，共粘贴 4 片应变片。

另有 2 片应变片R_5、R_6粘贴在与等强度梁同材质的金属块上，作为温度补偿块，如图2.16所示。

四、电阻应变片在测量电路中的接线方法及加载测量

1. 单臂接线法

按照图 2.17 接线组桥，记录加载测量结果。

2. 半桥接线法

(1) 单臂半桥接线法(简称 1/4 桥)。

按照图 2.18 接线组桥，记录加载测量结果。4 片工作应变片分别组桥测量并分析、比较结果。

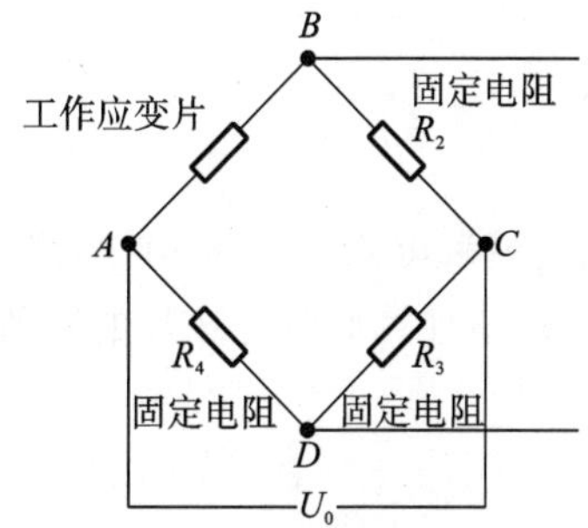

图 2.17　单臂接线法

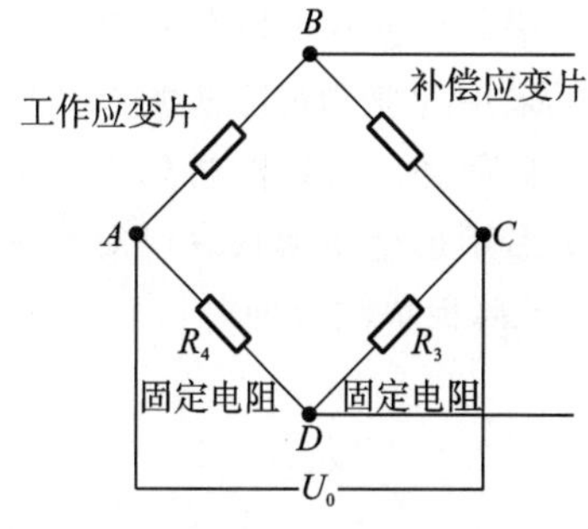

图 2.18　单臂半桥接线法(1/4 桥测量法)

(2) 半桥接线法(简称半桥)。

按照图 2.19 接线组桥，分别记录加载测量结果并进行分析比较。

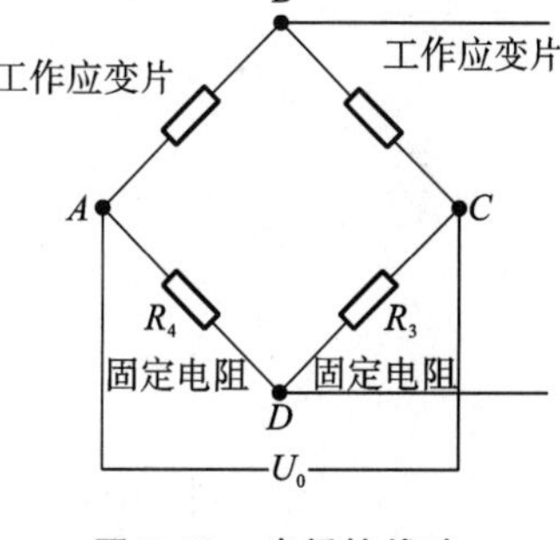

图 2.19　半桥接线法

3. 全桥接线法

(1) 对臂全桥接线法。

按照图 2.20 接线组桥，记录加载测量结果并进行分析比较。

(2) 全桥接线法。

按照图 2.21 接线组桥，记录加载测量结果并进行分析比较。

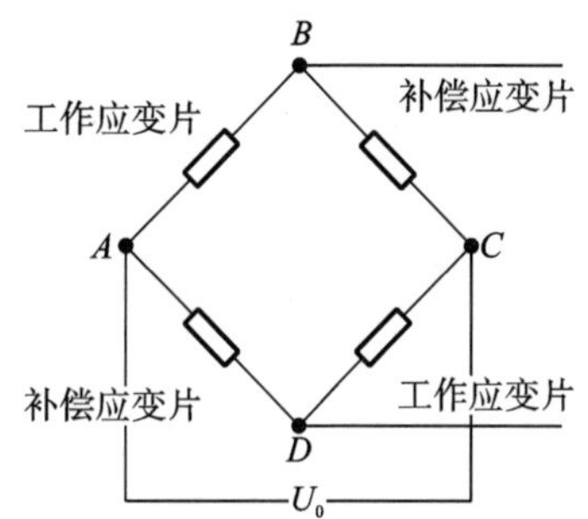

图 2.20　对臂全桥接线法

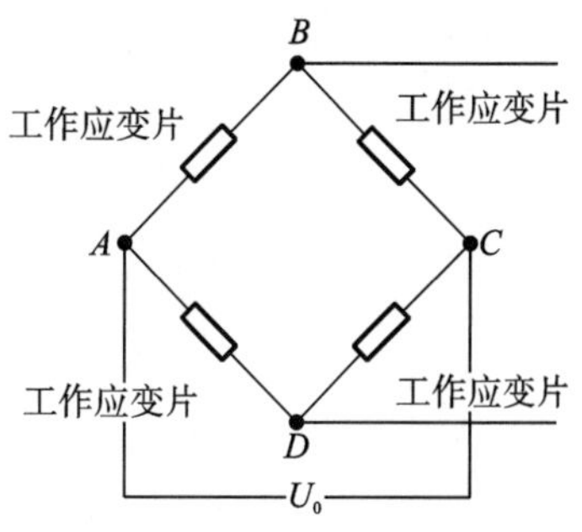

图 2.21　全桥接线法

4. 串并联接线法

按照图 2.10 和图 2.11 接线组桥，记录加载测量结果并进行分析比较。

五、实验要求

(1) 利用等强梁及现有的贴片形式，尝试各种组桥连线方式，利用砝码加载，记录测量结果，并分析结果的物理意义。

(2) 分析不同的组桥连线方式测出的等强度梁弯曲应变有何区别。

(3) 自制表格，记录所有组桥方式及其测量结果。

六、思考题

(1) 简述电阻应变片的工作原理。

(2) 影响应变片灵敏度系数的因素有哪些?

(3) 增加应变片的栅长对其参数有何影响?

(4) 采用应变测量方法测到的实验结果有何物理意义?

(5) 如何通过接线组桥的方法提高应变测量的灵敏度?

(6) 沿矩形金属薄板纵向对称轴线粘贴一阻值为 120 Ω、灵敏度系数为 2.08 的箔式应变片，金属薄板单轴拉伸时，应变仪上的应变读数为+1000 $\mu\varepsilon$，请计算此时应变片的阻值。

实验三　梁弯曲正应力测量实验

一、实验目的

(1) 熟悉应力测量与计算方法理论。

(2) 熟悉电测法的基本原理和静态应变仪的操作方法。

(3) 用电阻应变测量法测量矩形截面直梁在纯弯曲时横截面上正应力的分布规律。

(4) 比较实验值与理论计算结果,验证弯曲正应力公式的正确性。

二、实验设备

(1) DH3818 静态电阻应变测试仪。

(2) 多功能梁实验装置。

三、实验原理

梁产生纯弯曲时,根据平面应力状态假设和纵向纤维间无挤压的各向同性假设,由理论分析可知:梁的弯曲正应力即主应力方向与梁的轴向平行,且其横截面上的正应力呈线性分布,梁的纯弯曲正应力理论计算公式为

$$\sigma=\frac{M y_i}{I_z} \tag{2.25}$$

式中:M——测点所在截面上的弯矩;

y_i——测点至中性层的距离;

I_z——横截面对中性轴 Z 的惯性矩;

i——测点编号。

纯弯曲梁力学模型如图 2.22 所示。矩形截面钢梁承受四点弯曲,中间段的变形为纯弯曲变形,在纯弯曲变形范围内任一横截面(图中取 A—A 截面),以中性层为基准,上下对称至少取五层梁的纤维层作为研究对象。

横截面各纤维层表面牢固的粘贴电阻应变片。当钢梁受力变形时应变片也一起变形,此时粘贴在钢梁上的应变片的电阻值也发生改变。根据电阻应变测量理论和应变片的工作原理,电阻应变片的电阻变化率 $\Delta R/R$ 与应变片电阻丝长度的变化率 $\Delta L/L$ 成正比关系,即

$$\frac{\Delta R}{R}=K\frac{\Delta L}{L}=K\varepsilon \tag{2.26}$$

因此可通过应变测试的方法分别测量出各测量点对应的实测应变值 ε,因为组成梁的各层金属纤维互相之间无挤压,只有单向拉-压变形,根据单向胡克定律,测点的应力为

$$\sigma=E\varepsilon \tag{2.27}$$

式中:E——钢梁的弹性模量。

计算出梁上各点相应的弯曲正应力值,然后将此值与相应的理论值进行比较,以达到验证理论公式的目的。

测量采用单臂半桥多点补偿的 1/ 4 桥接线法,如图 2.23 所示,根据电阻应变测量理论,AB 桥臂的输出为 $\varepsilon_i+\varepsilon_t$,$BC$ 桥臂只连接温度补偿片,其输出为 ε_t,于是有

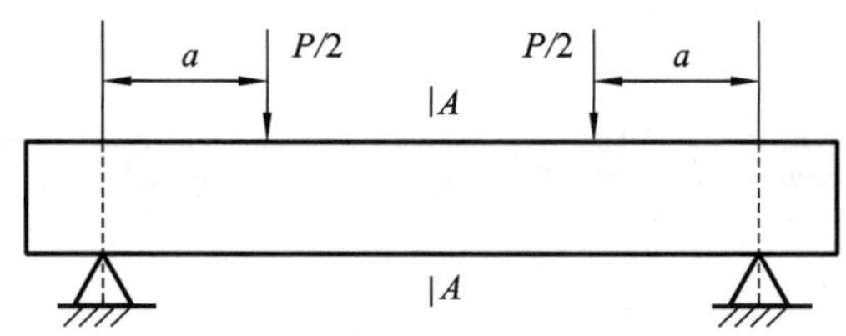

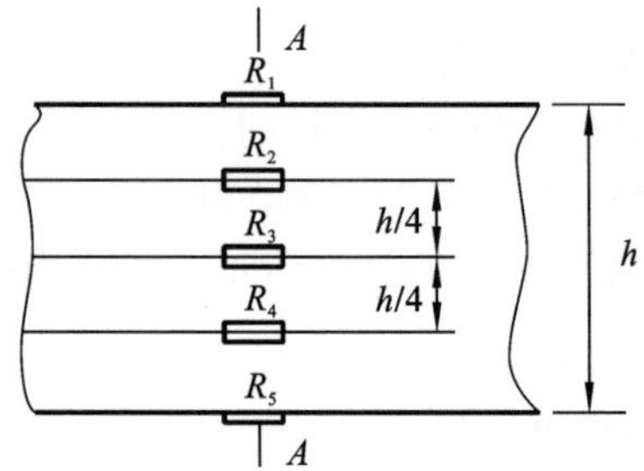

图 2.22　梁纯弯曲模型图及应变片粘贴方案

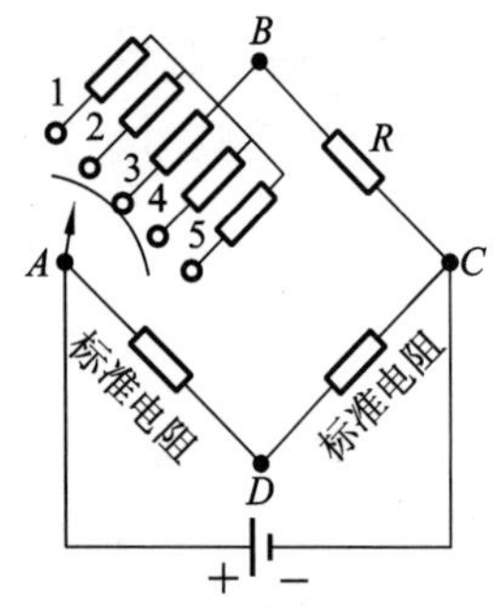

图 2.23　电桥连接示意图

$$\varepsilon_{仪}=(\varepsilon_i+\varepsilon_t)-\varepsilon_t=\varepsilon_i \tag{2.28}$$

式中：$\varepsilon_i(i=1,2,3,4,5)$——各测点在某载荷下的应变。

四、实验步骤

(1) 准备：检查实验用矩形截面梁的加力点位置与支座位置是否正确，记录有关参数。

(2) 根据梁相关参数计算最大承载，确定实验加载方案，即确定初载荷和最终载荷（测力计最大载荷不得超过 4 kN，设备上显示为 4.00）。

(3) 将各测点应变片编号后组成桥路，本实验选择单臂半桥接线法，AB 桥臂接工作片，BC 桥臂接温度补偿片。

①将被测应变片连接导线的一端分别依次接在各工作电桥桥路点 B 处的接线压片下，被测应变片连接导线的另一端接在相应的工作电桥桥路的点 A 处的接线压片下。

②将温度补偿片的两端引线分别接到补偿电桥的两个接线压片下，两端引出线不分正负极，可换位接。

(4) 调整应变仪所选的每个通道平衡。转动加载装置的手轮进行加载，初载荷加到 0.5 kN，分别记录此时应变仪各桥路的应变值读数（注意记录应变正负号），直到将所连接的测量桥路（应变仪各测量通道）测量完毕。

(5) 实施第二级加载，即在初载荷的基础上增加 0.5 kN（以后均可在前一次的基础上增加 0.5 kN，最终载荷不得超过测力计最大值），分别记录各桥路输出应变值，直到将所需测量桥路测量完毕。总共可加载荷 6～7 级。

(6) 计算各桥路载荷增量、应变增量，比较各增量值。理论上各增量应相等，实际差值应不大。求应变增量的平均值（增量取法，将下一级应变值减去上一级应变值）。如果测量结果的增量误差过大，需检查完善后重新测量。

(7) 实验完毕，载荷卸到零，检查各桥路应变是否回到零，若不回零，观察残余应变值大小，进行误差分析。

(8) 关闭各实验装置电源、应变仪电源，解除各应变片导线与应变仪的连接，设备归位并摆放整齐。

五、实验记录

将实验数据记录在表 2.1 中。

表 2.1　实验数据记录和处理

试样材料：
弹性模量 $E=$
基本参数：
$h=$　　　mm ；$b=$　　　mm；$a=$　　　mm；$L=$　　　mm

电阻片灵敏系数 $K=$　　　　　　电阻应变仪灵敏系数 $K'=$

设备型号：　　　　　　设备编号：

载荷		应变仪读数($\mu\varepsilon$)									
总载荷 F/kN	增量 ΔF/kN	测点 1		测点 2		测点 3		测点 4		测点 5	
		读数	增量	读数	增量	读数	增量	读数	增量	读数	增量
0.5											
1.0											
1.5											
2.0											
2.5											
3.0											
3.5											
平均值 $\overline{F}=$		$\overline{\Delta\varepsilon_1}=$		$\overline{\Delta\varepsilon_2}=$		$\overline{\Delta\varepsilon_3}=$		$\overline{\Delta\varepsilon_4}=$		$\overline{\Delta\varepsilon_5}=$	
应力增量测量值 $\Delta\sigma=E\overline{\Delta\varepsilon}$											
应力增量理论值 $\Delta\sigma=\Delta MY/I$											
误差											

六、应力分布图

作出应力分布图，横轴表示应力大小，纵轴表示沿矩形界面高度的分布(见图 2.24)。

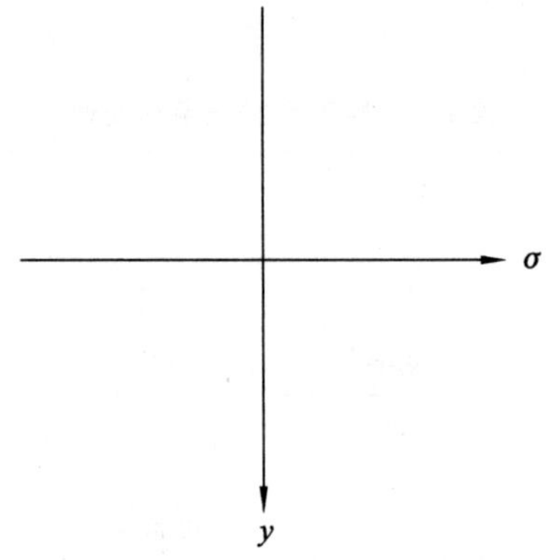

图 2.24 应力分布图

七、思考题

(1) 假如实验过程中，中性层的实测应变读数不为零，请分析原因。

(2) 影响实验结果准确性的主要因素有哪些?

(3) 弯曲正应力的大小是否会受材料弹性模量 E 的影响?

实验四　弯扭组合变形实验

在工程实际中，许多构件和零件在外力作用下，往往同时发生两种或两种以上的基本变形。这些杆件表面一般处于复杂应力状态，测定其表面的主应力大小和方向，对它们的强度分析有着重要的意义。

工程中的构件或零件所承受的载荷及所产生的变形一般都比较复杂，但总可以将其分别简化为几种简单载荷和几种基本变形形式的组合。对这类组合变形下诸多内力素的测量，并依据它们确定影响构件强度的主要因素是十分重要的。

一、实验目的

(1) 测量薄壁圆管在弯曲和扭转组合变形下，某截面上一点的主应力大小和方向。

(2) 测量薄壁圆管在弯曲和扭转组合变形时某截面的弯矩和扭矩，并与理论值进行比较。

(3) 掌握结构件复杂受力状态时的应变测量方法。

(4) 熟悉电阻应变花的测量原理及应用。

二、实验设备

(1) 弯扭组合综合实验装置。

(2) 静态电阻应变仪。

三、实验原理

弯扭组合实验装置如图 2.25 所示，装置中的薄壁空心圆管试样一端固定，另一端自由。在自由端装有与圆管轴线垂直的加力杆，该杆与圆管处于同一水平面。载荷 F 作用于加力杆的自由端。此时，薄壁圆管受到弯矩和扭矩联合作用。在弯扭组合实验装置中，在至圆管自由端距离为 $L=300$ cm 的截面上，圆管表面最高点 A 和最低点 C 处，弯曲主应力方向与圆管轴线方向平行，扭矩引起的主应力方向与圆管轴线方向夹角为 45°，载荷作用点至圆管轴线的距离为 $S=200$ cm，已知圆管的外径为 D，内径为 d。

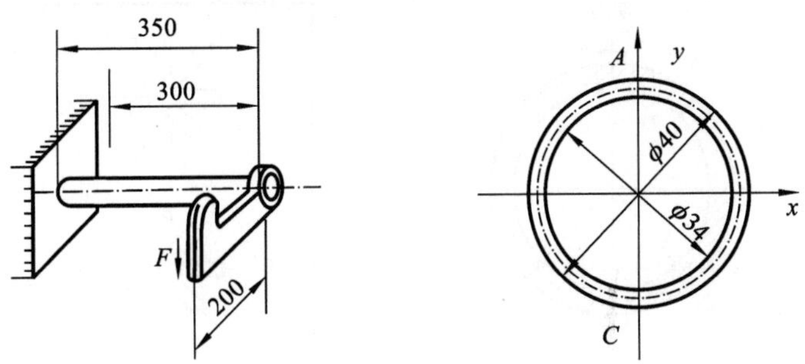

图 2.25　弯扭组合实验装置示意图

1. 一点主应力大小及方向的理论值计算

在承受弯扭组合作用的空心圆管上，A、C 两点所在截面处的弯矩、扭矩理论值分别为

弯矩理论值：
$$M_{理}=FL \tag{2.29a}$$

扭矩理论值：
$$T_{理}=FS \tag{2.29b}$$

式中：F——载荷。

同时，根据平面应力状态理论，圆管表面 A、C 两点的主应力 σ_1 和 σ_3 以及主平面方向 σ_0 的理论值可采用公式(2.30)至公式(2.32)计算：

$$\sigma_1=\frac{\sigma_x}{2}+\sqrt{\left(\frac{\sigma_x}{2}\right)^2+\tau^2} \tag{2.30}$$

$$\sigma_3=\frac{\sigma_x}{2}-\sqrt{\left(\frac{\sigma_x}{2}\right)^2+\tau^2} \tag{2.31}$$

$$\tan 2\alpha_0=-\frac{2\tau}{\sigma} \tag{2.32}$$

x 方向对应于圆管的轴向。

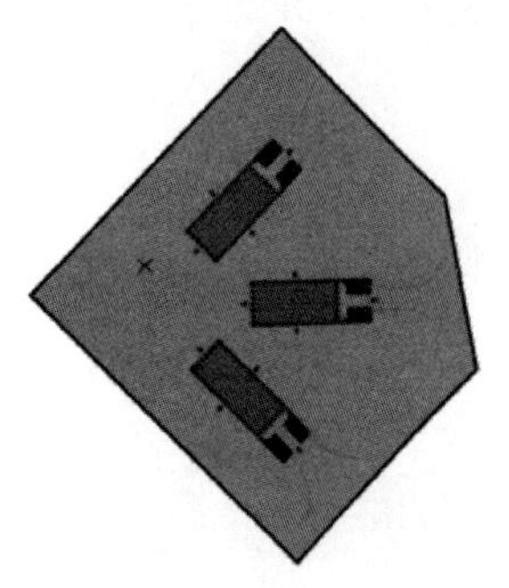

图 2.26　三轴 45°应变花

2. 一点主应力大小及方向的实验测定

对于实际工程中许多复杂应力状态的问题，都很难直接判断主应力的方向。在不知道主应力大小和方向的情况下，依据广义胡克定律，必须在测点处测量三个不同方向的线应变，该点的应变状态和应力状态便可通过相应计算完全确定，所以在平面应力状态下，针对工程构件的非单向应力状态变形，其上某一点的主应力及主方向的测定，可借助于贴在该点的应变花来实现。根据对悬臂空心圆管最高点 A 和最低点 C 处的弯曲应力和扭转剪应力分析，实验选用图 2.26 所示的三轴 45°应变花，这也是工程测量和实验室通常选用的应变花形式。

在圆管外壁的 A、C 点处分别粘贴一片应变花，粘贴方式如图 2.27 所示，其中敏感栅纵向沿圆管的轴向粘贴的应变片称为 0°方向应变片(R_0)，其他两片应变片敏感栅纵向都与圆管轴向成 45°夹角，称为 45°方向应变片(R_{45})和-45°方向应变片(R_{-45})，它们可用于测量圆管与轴线夹角为 45°方向上的应变。

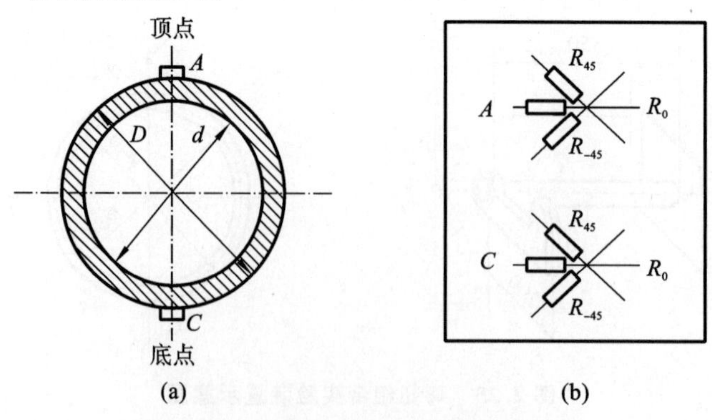

图 2.27　电阻应变花粘贴位置及方向

(a) 测量截面；(b) 测量截面展开图

电桥连接采用单臂半桥接线法(1/ 4 桥)。这种接线方法是应变仪多点温度补偿半桥的一种通用接法,多个电桥共用一片温度补偿片。图 2.28 所示是三个电桥的集合图,这三个电桥的 AB 桥臂分别接入同一片应变花三个方向的应变片 R_{45}、R_0 和 R_{-45},分别对应应变仪的三个通道。

此时,AB 桥臂的输出为 $\varepsilon_{45}+\varepsilon_t$,$BC$ 桥臂的输出为 ε_t,则应变仪相应通道的读数为

$$\varepsilon_{仪}=(\varepsilon_i+\varepsilon_t)-\varepsilon_t=\varepsilon_i$$

式中:ε_i——0°方向、45°方向和 −45°方向三个应变片在某载荷 F 作用下的应变,即 ε_{45}、ε_0 和 ε_{-45};

依次测出 A、C 两点各应变片的线应变值 ε_{45}、ε_0 和 ε_{-45},由平面应变和应力分析可计算得主应变和主应力实验值分别为

$$\left.\begin{matrix}\varepsilon_1\\ \varepsilon_2\end{matrix}\right\}=\frac{1}{2}(\varepsilon_{45}+\varepsilon_{-45})\pm\frac{1}{\sqrt{2}}\sqrt{(\varepsilon_0-\varepsilon_{45})^2+(\varepsilon_0-\varepsilon_{-45})^2} \tag{2.33a}$$

$$\left.\begin{matrix}\sigma_1\\ \sigma_3\end{matrix}\right\}=\frac{E}{2(1+\mu)}\left[\frac{1+\mu}{1-\mu}(\varepsilon_{-45}+\varepsilon_{45})\pm\sqrt{2}\sqrt{(\varepsilon_{-45}-\varepsilon_0)^2+(\varepsilon_0-\varepsilon_{45})^2}\right] \tag{2.33b}$$

式中:E——材料弹性模量;

μ——泊松比。

设最大主应力 σ_1 的方向与圆管轴线的夹角为 θ,则

$$\tan 2\theta=\frac{\varepsilon_{-45}-\varepsilon_{45}}{2\varepsilon_0-\varepsilon_{45}-\varepsilon_{-45}} \tag{2.34}$$

3. 弯矩和扭矩的测量

圆管表面各点均处于平面应力状态,根据平面应力状态理论,其弯矩和扭矩内力素的测定,可通过测量相关点的弯曲正应力和扭转切应力两个分量实现。

1) 弯曲正应力测量

由于弯矩的作用,悬臂圆管横截面上最高点 A 和最低点 C 处的弯曲正应力方向与圆管的轴向一致,且两点处弯曲正应力绝对值大小相等、符号相反。利用点 A 处应变花中 0°方向上的电阻应变片 R_0 和点 C 处应变花中 0°方向上的电阻应变片 R_0 组成半桥双臂测量电路,如图 2.29 所示,若温度引起的应变为 ε_t,此时可以测得弯曲应变 ε_x。

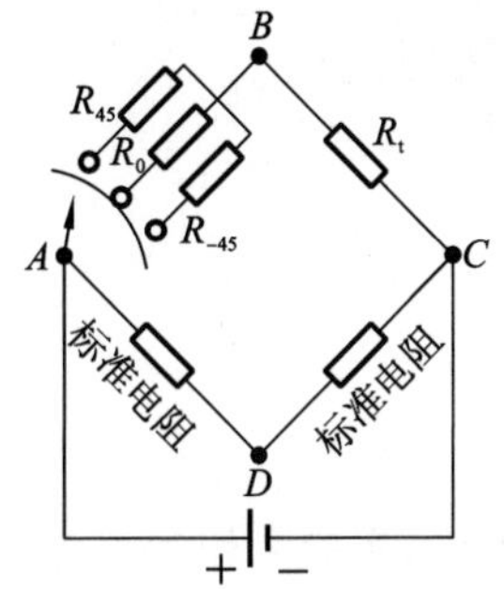

图 2.28　主应力测量连接电桥示意图

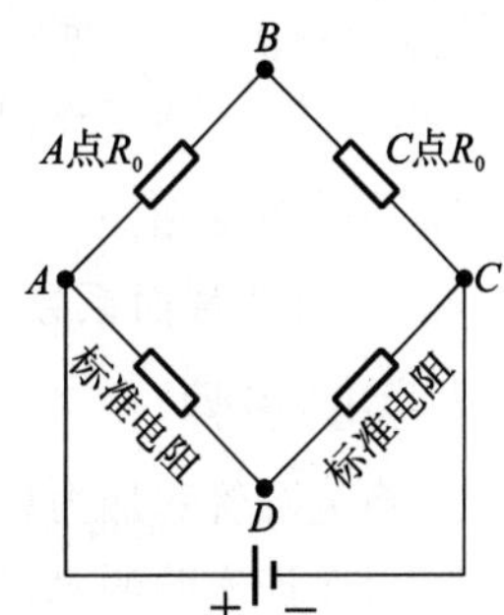

图 2.29　弯矩测量电桥图

AB 桥臂的输出为 $\varepsilon_x+\varepsilon_t$,$BC$ 桥臂的输出为 $-\varepsilon_x+\varepsilon_t$,则应变仪的读数为

$$\varepsilon_{仪}=(\varepsilon_x+\varepsilon_t)-(-\varepsilon_x+\varepsilon_t)=2\varepsilon_x$$

$$\varepsilon_x = 0.5\varepsilon_{仪}$$

式中:$\varepsilon_{仪}$——电阻应变仪的读数。

设薄壁圆管的外径为 D,内径为 d,令系数 $\alpha = d/D$,则弯曲正应力为

$$\sigma_x = E\varepsilon_x = E\frac{\varepsilon_{仪}}{2} \tag{2.35}$$

式中:E——材料弹性模量。

测量弯矩则为

$$M_{测} = \sigma_x W_z = E\frac{\varepsilon_{仪}}{2}\frac{\pi D^3(1-\alpha^4)}{32} = \frac{\pi D^3(1-\alpha^4)}{64}E\varepsilon_{仪} \tag{2.36}$$

式中:W_z——圆管抗弯截面系数。

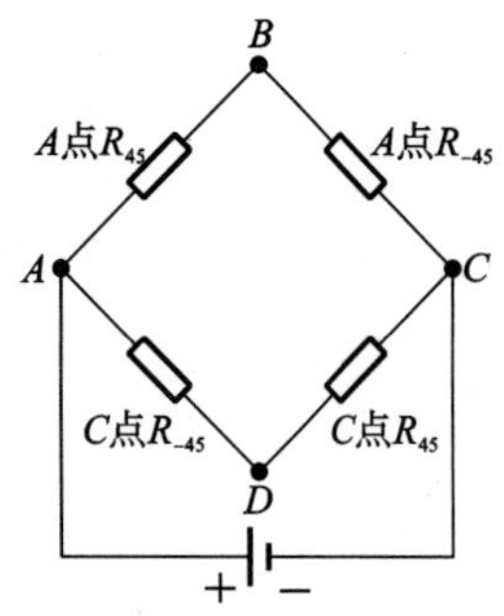

图 2.30 扭矩测量电桥图

2) 扭转切应力的测量

受扭矩作用的薄壁圆管表面上各点均处于纯剪切应力状态。由应力状态分析知,其主应力 $\sigma_1 = -\sigma_3 = \tau_{max}$,主应力方向与圆管轴线成 45°。若将测量截面上点 A 处应变花的电阻应变片 R_{45} 和 R_{-45} 及点 C 处应变花的电阻应变片 R_{45} 和 R_{-45} 分别接入电桥的四个桥臂,形成图 2.30 所示全桥四臂测量电路,AB、BC、CD、DA 四个桥臂的输出应变分别为:$\varepsilon_T + \varepsilon_M + \varepsilon_t$、$-\varepsilon_T + \varepsilon_M + \varepsilon_t$、$\varepsilon_T - \varepsilon_M + \varepsilon_t$、$-\varepsilon_T - \varepsilon_M + \varepsilon_t$。

应变仪测得的输出应变为 $\varepsilon_{仪} = 4\varepsilon_T$。其中 ε_T 为最大剪切应变(扭矩主应变),ε_M 为弯曲应力引起的两片 45°应变片的应变。由于 A、C 两点的位置是对称的,电桥的连接采用的是全桥方式,这时弯曲引起的应变相互抵消,温度引起的应变也相互抵消,故在应变仪中的读数是仅由扭矩作用产生的。

$$\varepsilon_T = \frac{\varepsilon_{仪}}{4}$$

根据广义胡克定律知扭转切应力 τ_{max} 为

$$\tau_{max} = \frac{E}{(1+\mu)}\varepsilon_T = \frac{E}{(1+\mu)}\frac{\varepsilon_{仪}}{4} \tag{2.37}$$

测量扭矩则为

$$T_{测} = \tau_{max}W_t = \frac{E}{1+\mu}\frac{\varepsilon_{仪}}{4}\frac{\pi D^3(1-\alpha^4)}{16} = \frac{E}{1+\mu}\frac{\pi D^3(1-\alpha^4)}{64(1+\mu)}\varepsilon_{仪} \tag{2.38}$$

式中:$T_{测}$——测量扭矩;

W_t——抗扭截面系数。

四、实验步骤

(1) 确定圆管和加力杆的相关参数,记录材料常数 E 和 μ。

(2) 为保证实验的测量精度,确保试样在线弹性范围内工作,实验采用等增量加载法加载。根据实验设备指标,确定最大加载载荷,然后合理分级并确定每级载荷的大小。本实验采用加载级次为 5 级,增量为 50 N。

(3) 根据测量应力要求,按照相关电桥连接图,将工作片及温度补偿片(注意需不需要温度补偿片)组桥接线,形成测量桥路。

(4) 确定测力机构零点，调整应变仪使各测点处于平衡状态，然后逐级加载并读取应变值。必要时，可重复该过程，直到数据满意为止。

(5) 完成一轮测量后，卸载到零，准备下一轮测量。

(6) 完成所有测量任务后，将实验装置卸载、断电，恢复自由状态。

五、实验报告要求

(1) 写出实验目的、实验设备并绘制装置简图。

(2) 绘出实验圆管试样受力简图，描述应变片贴片方案和测量组桥方案。

(3) 计算 A、C 测点处的主应力的实测平均值、理论值，加以比较并找出相对误差。

(4) 画出点 A 的应力状态图(主应力大小和方向)。

(5) 计算 A、C 测点处弯矩和扭矩的实测平均值、理论值，加以比较并找出相对误差。

六、实验表格

将实验数据填入表 2.2 至表 2.4。

表 2.2　主应力大小及方向记录表

F/N	ΔF/N	R_{-45}				R_0				R_{45}			
		A 点		C 点		A 点		C 点		A 点		C 点	
		ε	Δε	ε	Δε	ε	Δε	ε	Δε	ε	Δε	ε	Δε
	—		—		—		—		—		—		—
均值 $\overline{F}$=		均值$\overline{\Delta\varepsilon}$=		均值$\overline{\Delta\varepsilon}$=		均值$\overline{\Delta\varepsilon}$=		均值$\overline{\Delta\varepsilon}$=		均值$\overline{\Delta\varepsilon}$=		均值$\overline{\Delta\varepsilon}$=	

表 2.3　弯矩引起的正应变值记录表

扭臂力/N		读数应变(με)	
F	ΔF	ε	Δε
	—		—

续表

扭臂力/N		读数应变($\mu\varepsilon$)	
F	ΔF	ε	$\Delta\varepsilon$
平均值		平均值$\overline{\Delta\varepsilon_{仪}}$ =	

表 2.4　扭矩引起的剪应变值记录表

扭臂力/N		读数应变($\mu\varepsilon$)	
F	ΔF	ε	$\Delta\varepsilon$
	—		—
平均值		平均值$\overline{\Delta\varepsilon_{仪}}$ =	

七、思考题

(1) 电测法测量主应力时，其应变花是否可以沿测点的任意方向粘贴？为什么？

(2) 用全桥接线测扭矩有什么好处？为什么？

(3) 测量主应力时，应变花是否可以随意粘贴？

(4) 分析引起实验误差的主要原因。

实验五　电阻应变片灵敏度系数标定实验

应变片生产出来后，生产商要按照相关的技术标准，在专门的标定设备上抽样对其标称电阻、灵敏度系数等工作特性指标进行标定。应变片的灵敏度系数是选用应变片的一个重要指标，标定灵敏度系数时，一般是使应变片处于单向应力状态，常用的标定方式有单轴拉伸、等截面纯弯曲梁和等强度悬臂梁等三种形式。

一、实验目的

(1) 通过实验学习电阻应变片灵敏度系数 K 的标定方法。

(2) 掌握电阻应变片相对电阻变化与所受应变之间的关系。

二、实验设备

(1) 静态电阻应变仪。

(2) 钢质等强度悬臂梁装置。

三、实验原理

粘贴在试件上的应变片，在沿轴线方向受均匀单向应力作用时，应变片的电阻变化率在一定范围内与试件的应变成正比，其比例常数即为应变片的灵敏度系数 K：

$$K=\frac{\Delta R/R}{\varepsilon} \tag{2.39}$$

式中：$\frac{\Delta R}{R}$——应变片的电阻变化率；

ε——试样的应变。

灵敏度系数不能通过理论计算得到，只能通过实验的方法进行标定得到，即通过测量电阻变化率$\frac{\Delta R}{R}$和试样应变 ε，求得灵敏度系数 K。灵敏度系数的测量装置如图 2.31 所示。

试样是一钢质等强度梁，一端固定，另一端自由，在离固定端为 x_1 和 x_2 处的上下表面分别有按图示方式粘贴的应变片 R_1、R_2 和 R_3、R_4，当在自由端作用力 F 时，等强度梁表面任意一点的应变按式(2.40)计算：

$$\varepsilon=\frac{6F(l-x)}{Eb(x)t^2} \tag{2.40}$$

式中：$b(x)$、t——测点处的梁的宽度和厚度；

E——等强度梁材料的弹性模量。

应变片的电阻变化率$\frac{\Delta R}{R}$由电阻应变仪测出的应变值 ε_i 和仪器设定的灵敏度系数K_Y计算得出：

$$\frac{\Delta R}{R}=K_Y\varepsilon_i \tag{2.41}$$

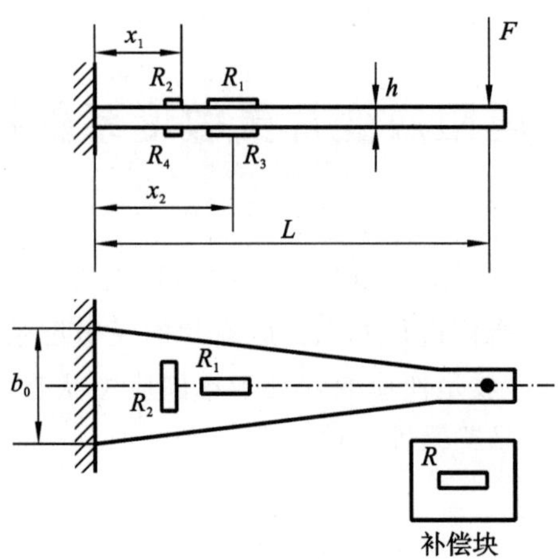

图 2.31　等强度梁试样示意图

四、实验步骤

(1) 将梁上粘贴的 4 片工作应变片 R_1、R_2、R_3、R_4 和应变仪选定的四个通道的 AB 桥臂分别对应连接，温度补偿块上的一片补偿片作为公共温度补偿片，组成单臂半桥(1/4 桥)电路。将应变仪所选通道调零备用。

(2) 加载 ΔF，记录应变值 ε_i，代入公式(2.41)中求得各应变片电阻变化率 $\left(\frac{\Delta R}{R}\right)_i$，再根据公式(2.39)和公式(2.40)求得应变片灵敏度系数 K_i。

(3) 计算表 2.5 中的 $\Delta\varepsilon_i$ 的平均值 $\overline{\Delta\varepsilon_i}$。

(4) 计算表 2.6 中的 K_i 的算数平均值 $\overline{K}$，计算标准方差

$$\sigma=\sqrt{\frac{\sum_{i=1}^{n}(K_i-\overline{K})^2}{n-1}} \tag{2.42}$$

电阻应变片的灵敏度系数为

$$K=\overline{K}\pm\sigma$$

表 2.5　原始数据表

载荷		应变仪读数(με)							
总载荷 F/kg	增量 ΔF/kg	R_1		R_2		R_3		R_4	
		读数	增量	读数	增量	读数	增量	读数	增量
0.5									
1.0									
1.5									
2.0									

续表

<table>
<tr><td colspan="2">载荷</td><td colspan="8">应变仪读数($\mu\varepsilon$)</td></tr>
<tr><td rowspan="2">总载荷 F/kg</td><td rowspan="2">增量 ΔF/kg</td><td colspan="2">R_1</td><td colspan="2">R_2</td><td colspan="2">R_3</td><td colspan="2">R_4</td></tr>
<tr><td>读数</td><td>增量</td><td>读数</td><td>增量</td><td>读数</td><td>增量</td><td>读数</td><td>增量</td></tr>
<tr><td colspan="2">平均值 $\overline{F}=$</td><td colspan="2">$\overline{\Delta\varepsilon_1}=$</td><td colspan="2">$\overline{\Delta\varepsilon_2}=$</td><td colspan="2">$\overline{\Delta\varepsilon_3}=$</td><td colspan="2">$\overline{\Delta\varepsilon_4}=$</td></tr>
<tr><td>$\left(\frac{\Delta\varepsilon}{R}\right)_i=K_Y\cdot\overline{\Delta\varepsilon_i}$</td><td></td><td colspan="2"></td><td colspan="2"></td><td colspan="2"></td><td colspan="2"></td></tr>
</table>

表 2.6　实验数据处理

基本参数：$L=235$ mm；$B=40$ mm；$t=6$ mm；$E=202$ GPa

应变仪灵敏度系数：$K_Y=2$

<table>
<tr><td rowspan="3">物理量</td><td colspan="4">应变片号</td></tr>
<tr><td>R_1</td><td>R_2</td><td>R_3</td><td>R_4</td></tr>
<tr><td colspan="4">测量值</td></tr>
<tr><td>应变值 $\varepsilon_i/\mu\varepsilon$</td><td></td><td></td><td></td><td></td></tr>
<tr><td>电阻变化$\left(\frac{\Delta R}{R}\right)_i$</td><td></td><td></td><td></td><td></td></tr>
<tr><td>灵敏度系数 K_i</td><td></td><td></td><td></td><td></td></tr>
</table>

五、实验报告

(1) 编写实验目的、实验设备、实验原理、实验步骤，并按要求进行数据处理。

(2) 分析采用本方法测定 K 值时产生误差的原因。

六、思考题

(1) 等强度梁的设计依据是什么？

(2) 用等强度梁标定应变片灵敏度系数的原理是什么？

实验六　电阻应变片横向效应系数的测定

一、实验目的

(1) 学习测定电阻应变片横向效应系数的方法。

(2) 了解电子应变片的横向效应特性。

二、实验设备

(1) 静态电阻应变仪。

(2) 等强度梁实验装置。

三、实验原理

应变片横向系数的定义是一片应变片在同一应力作用下，横向粘贴产生的电阻变化率和纵向粘贴产生的电阻变化率之间的比率。由于一片应变片只能粘贴使用一次，所以，测量应变片横向效应时常随机取同一批次中的两片应变片(保证规格尺寸和各项参数相同)，分别沿栅宽和栅长方向测量同一个单向应变，前一个电阻变化率与后一个电阻变化率之比(百分数表示)就是该批应变片的横向效应系数。

如图 2.32 所示，在等强度梁试样上表面，一片R_1沿试样纵向粘贴，另一片R_2沿试样横向粘贴，试样下表面粘贴R_3和R_4。当试件受力变形后，上表面R_1受拉产生应变ε_1，R_2受压产生应变$\varepsilon_2 = -\mu\varepsilon_1$。根据应变片工作原理，应有下列等式成立：

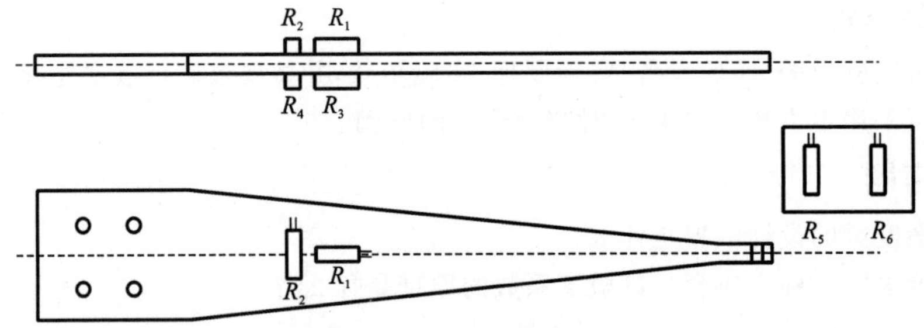

图 2.32　等强度梁贴片示意图

$$\begin{cases} \left(\dfrac{\Delta R}{R}\right)_1 = K_{仪}\varepsilon_{1仪} = K_L\varepsilon_1 + K_B\varepsilon_2 \\ \left(\dfrac{\Delta R}{R}\right)_2 = K_{仪}\varepsilon_{2仪} = K_L\varepsilon_2 + K_B\varepsilon_1 \end{cases} \tag{2.43}$$

式中：$K_{仪}$——应变仪灵敏度系数设定值；

K_L——应变片轴向灵敏度系数；

K_B——应变片横向灵敏度系数。

根据定义：应变片的横向效应系数 $H=\dfrac{K_B}{K_L}$。将方程(2.43)中的两式相除得：

$$\frac{\varepsilon_{1\text{仪}}}{\varepsilon_{2\text{仪}}}=\frac{K_L\varepsilon_1(1-\mu H)}{K_L\varepsilon_1(-\mu+H)}=\frac{1-\mu H}{-\mu+H} \tag{2.44}$$

由式(2.44)可解得：

$$(H-\mu)\varepsilon_{1\text{仪}}=(1-\mu H)\varepsilon_{2\text{仪}}$$

$$H(\varepsilon_{1\text{仪}}+\mu\varepsilon_{2\text{仪}})=\varepsilon_{2\text{仪}}+\mu\varepsilon_{1\text{仪}}$$

$$H=\frac{\varepsilon_{2\text{仪}}+\mu\varepsilon_{1\text{仪}}}{\varepsilon_{1\text{仪}}+\mu\varepsilon_{2\text{仪}}}\times 100\% \tag{2.45}$$

四、实验步骤

(1) 将测量片与温度补偿片按单臂半桥接线方式接入应变仪，将应变仪调平衡。

(2) 加载两个砝码(每个砝码重 0.5 kg)，用应变仪测出应变读数，并记录在表 2.7 中，重复测量三次，取三次应变读数的平均值。

(3) 按公式(2.45)计算横向效应系数 H，取上下两组应变片所得 H 的平均值。

表 2.7　数据记录表

应变片	F/kg	应变读数($\mu\varepsilon$)			平均值($\mu\varepsilon$)	H/(%)	$\overline{H}$/(%)
		一次	二次	三次			
轴向 R_1							
横向 R_2							
轴向 R_3							
横向 R_4							

五、实验报告

(1) 记录实验目的、实验原理、实验步骤，并记录实验数据。

(2) 对实验结果进行计算分析，并讨论如何用本方法测量 H 值的误差。

六、思考题

(1) 用实验方法测定的横向系数是否为应变片横向效应的真实反映？

(2) 什么是应变片的横向效应？

实验七　金属材料弹性模量和泊松比的测定

一、实验目的

(1) 学习采用电阻应变测量的方法测定材料的弹性模量 E 及泊松比 μ。

(2) 验证胡克定律。

二、实验设备

(1) 电子万能材料试验机。

(2) 矩形截面金属平板试样及补偿块。

(3) 静态电阻应变仪。

(4) 电阻应变片若干。

(5) 游标卡尺或钢直尺。

三、实验原理

金属材料弹性常数主要指材料的弹性模量 E 和泊松比 μ。对于线性弹性状态的金属材料，弹性模量(即杨氏模量)是在轴向应力与轴向应变线性比例关系范围内，轴向应力与轴向应变的比值。

$$E=\frac{\sigma}{\varepsilon}=\frac{\Delta F}{S_0\Delta\varepsilon_i} \tag{2.46}$$

材料在受拉伸或压缩时，不仅沿轴向发生轴向变形，在其横向也同时发生缩短或增大的横向变形。在线性弹性变形范围内，横向应变ε_2和轴向应变ε_1成正比，这一比值称为材料的横向变形系数(泊松比)，一般以 μ 表示，即：

$$\mu=\left|\frac{\varepsilon_2}{\varepsilon_1}\right| \tag{2.47}$$

实验时，可同时测出纵向应变和横向应变，则由式(2.47)计算出泊松比 μ。

本实验采用低碳钢矩形截面板式拉伸试样，为了消除偏心拉伸带来的弯曲的影响，保证实验数据的准确性，在试样两面对称粘贴电阻应变片。每面粘贴一片纵向应变片，一片横向应变片，如图 2.33 所示。

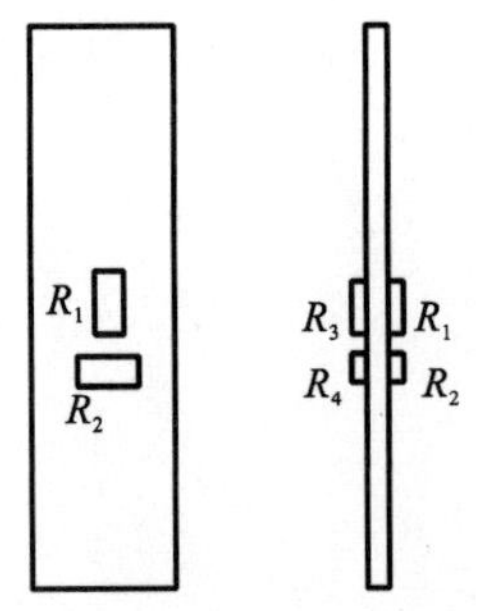

图 2.33　矩形截面板式拉伸试样

四、实验步骤

(1) 测量试样截面尺寸。矩形试样的原始横截面积：在试样的两端及中间处测板的厚度a_0(测三次，求平均值)与宽度b_0。按$S_0=a_0b_0$计算横截面积，将三处测得的横截面积的算术平均值作为试样原始横截面积，至少保留 4 位有效数字。

(2) 拟定好加载方案。实验中的最大载荷要根据材料的弹性比例极限和加载设备的最大量程确定。在通常情况下，实验时试样的最大应力不能超过试样材料的弹性比例极限，一般取金属材料下屈服强度 R_{eL} 的 80%或者规定塑性延伸强度 $R_{p0.2}$ 的 80%(低碳钢的下屈服极限不低于 300 MPa),则实验时的最大荷载 $F_{max}=0.8S_0R_{eL}$。同时应考虑加载设备的最大量程,取两者的最小值作为实验中的最大荷载。再根据该最大荷载确定每级加载的大小,加载级数不少于 6 级。

(3) 打开试验机软件,完成相应的参数输入工作。

(4) 安装试样,注意夹持长度不应小于夹具最大夹持长度的 90%。

(5) 按单臂半桥的方法连接电桥,测量工作片接 AB 桥臂,温度补偿片接 BC 桥臂。

(6) 将应变仪调零,电桥平衡。

(7) 检查贴片、连线无误后,启动试验机分级加载,记录每级载荷下的应变值。

(8) 实验完成后,仪器设备还原。

五、实验记录

将实验数据填入表 2.8、表 2.9 中。

表 2.8　截面原始参数测量

参数	截面Ⅰ	截面Ⅱ	截面Ⅲ	横截面积 S_0 算术平均值/mm²
宽度 b_0/mm				
厚度 a_0/mm				

表 2.9　实验数据记录和处理列表

载荷 F/N	增量 ΔF/N	R_1		R_2		R_3		R_4	
		读数	增量	读数	增量	读数	增量	读数	增量
$\overline{F}=$		$\overline{\Delta\varepsilon_1}=$		$\overline{\Delta\varepsilon_2}=$		$\overline{\Delta\varepsilon_3}=$		$\overline{\Delta\varepsilon_4}=$	
$E=\dfrac{\Delta F}{S_0\Delta\varepsilon_1}$				—				—	
$\mu=\left\|\dfrac{\overline{\Delta\varepsilon_2}}{\overline{\Delta\varepsilon_1}}\right\|$									

六、实验报告

(1) 编写实验目的、实验原理、实验步骤,并记录实验数据。

(2) 对实验结果进行分析。

(3) 分析产生实验误差的原因。

七、思考题

(1) 怎样验证胡克定律?

(2) 沿试样纵向轴线方向两面粘贴电阻应变片对实验结果有何影响?

(3) 如何提高弹性模量和泊松比的测试精度?

(4) 采用电阻应变片法测量弹性模量应如何测量试样尺寸?

(5) 实验加载方案中需要设置初始载荷吗?

(6) 除本次实验测弹性模量的方法外,还有什么其他方法?

实验八　等强度梁冲击动应力测量实验

工程构件或结构整体在工作状态下，有些只承受静载，但大部分构件要承受动载荷或交变载荷，结构在动载荷作用下的动应力应变与静载作用下的静应力应变是不同的，通过本实验可以了解动载荷对结构的影响。

一、实验目的

(1) 通过实验方法测定等强度梁冲击动应力及动载荷系数，并与理论值比较。

(2) 初步掌握动态应变测试技术。

(3) 学会动态应变测试系统的使用。

二、实验设备

(1) DH5935 动态应变测试系统。

(2) 等强度梁冲击实验装置。

三、实验原理

等强度梁冲击实验装置由两部分组成，即等强度梁装置和吊杆，其结构如图 2.34 所示，吊杆和砝码构成加载装置，用于施加冲击载荷，在吊杆上画出一定的刻度，用于标识砝码释放高度，即砝码释放点距离托盘上表面的垂直距离，便于计算冲击载荷的大小。在梁的上下表面沿轴向贴上电阻应变片，用于测量梁的静、动态应变。

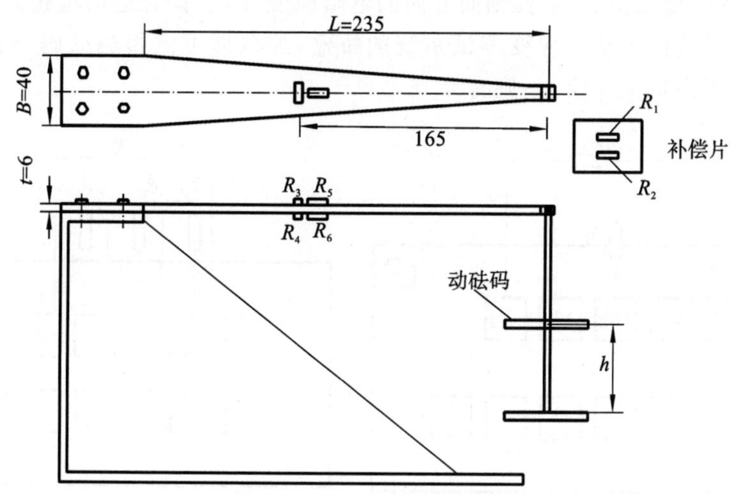

图 2.34　冲击实验装置示意图

根据材料力学相关理论可知，等强度梁在加上砝码后产生的静应力为

$$\sigma_x = \frac{6L(m_1+m_2)g}{b_0 t^2} \tag{2.48}$$

式中：m_1——吊杆的质量；

m_2——砝码的质量；

t——梁的厚度；

b_0——等强度梁最大截面宽度；

L——加载点到梁固定端的距离。

根据达朗伯原理，在研究质点动力学问题时，可以采用添加惯性力的方法将质点动力学问题在形式上作为静力学问题进行处理，因此，针对图 2.34 所示参数的等强度梁，梁材料 $E=200$ GPa，假设砝码在距托盘高 h 处自由落下，砝码质量为 $m_1=0.5$ kg，托盘和吊杆的质量为 $m_2=0.5$ kg，经理论计算，可得：

$$\sigma_d=\left(1+\sqrt{1+\frac{2hm_1}{\Delta_{st}(m_1+m_2)}}\right)\sigma_x \tag{2.49}$$

则理论动荷系数

$$K_d=1+\sqrt{1+\frac{2hm_1}{\Delta_{st}(m_1+m_2)}} \tag{2.50}$$

式中：Δ_{st}——梁在加上砝码后沿加载方向的静变形，可理论计算：

$$\Delta_{st}=\frac{\sigma_x}{E}=\frac{6L(m_1+m_2)g}{Eb_0t^2} \tag{2.51}$$

实测时，采用静态电阻应仪及合适的接线组桥方式，通过等强度梁上下表面轴向粘贴的电阻应变片测量得到等强度梁在加上砝码后产生的静应变 ε_{st}。

实测静应力

$$\sigma_{st}=E\varepsilon_{st} \tag{2.52}$$

式中：E——等强度梁材质的弹性模量，$E=200$ GPa。

通过贴在等强度梁上、下表面轴向方向的电阻应变片，选择合适的组桥方式，如图 2.35 所示，将应变片导线接入动态应变测试系统的桥盒，加载即可测得当砝码与托盘发生碰撞时，梁所产生的瞬态最大应变 ε_m，则有：

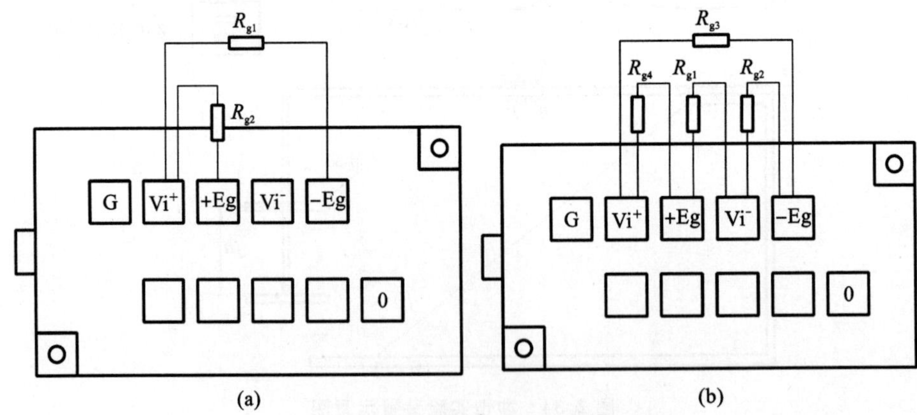

图 2.35 动态应变测量桥盒连接示意图

(a) 半桥连接(方式四)；(b) 全桥连接(方式六)

实测动荷系数为

$$K_d=\frac{\varepsilon_m}{\varepsilon_{st}} \tag{2.53}$$

实测动应力为

$$\sigma_d=E\varepsilon_m \tag{2.54}$$

四、实验步骤

1. DH5935 动态应变测试系统准备

(1) 用通信电缆将计算机并行口(打印机口)与 DH5935 主机可靠连接;

(2) 根据测量要求,正确连接电路桥盒;

(3) 打开计算机电源,然后打开 DH5935 主机电源,计算机运行 DH5935 控制软件;

(4) 设置工作通道,起始通道为“1-1”,结束通道为“1-8”;

(5) 设置采样频率为“100 Hz”,采样方式为“连续记录”;

(6) 软件界面参数中的设置,包括采集参数(应力应变)、桥路类型(“方式四”或“方式六”)、灵敏度系数(2.06)、满度显示(1000$\mu\varepsilon$),其他选项按照默认值设定。

2. 数据采集

(1) 点击菜单中“控制”选项,选择“初始化硬件”,然后选择“平衡”,再点击“清除零点”,使电桥平衡;

(2) 平衡清零成功后,输入文件名及保存路径,选择“启动采样”选项,开始记录应变信号;

(3) 砝码提升至标示位置(定位),然后释放砝码,使其自由下落,在梁的自由端形成冲击载荷,等待信号稳定后,即点击“停止采样”,采样结束。

3. 数据整理

在菜单选项中点击“观测”,选择其中的“单光标”,然后移动光标,在采集到的图形中查找最大应变点,记录。

五、实验要求

(1) 选择合适桥路,把应变片和动态应变仪的接线盒连接好;

(2) 分别取 h=5、10、15、20、25 mm 进行实验,测得相应的动态应变 ε_{mi}。

六、实验报告

(1) 自行设计表格,记录实验数据;

(2) 将实验测量值和理论计算值相比较,分析实验误差。

七、思考题

(1) 动态应变信号和静态应变信号有何区别?

(2) 影响动态信号准确度的因素有哪些?

实验九　三角架结构应力与内力测量实验

三角架结构可作为简单的起重装备，普遍用于工厂及料场，也常用于大跨度的厂房和桥梁网架和桁架钢结构中。

一、实验目的

(1) 测量三角架在悬臂梁状态下沿横梁轴向的弯矩分布。

(2) 分析静定结构条件下三角架各杆件的内力。

(3) 学会正确分析结构各部件的受力状态，制定合理的贴片组桥测试方案。

(4) 计算理论值，并与实验结果相比较，分析相对误差及其产生的原因。

(5) 测量静不定结构条件下各杆件内力(设计实验方案)。

二、实验设备与装置

(1) DH3818 静态电阻应变仪。

(2) 三角架结构实验装置。

三、实验原理

三角架实验装置的横梁为工字钢截面梁，横梁与立柱之间有固支、铰支两种连接方式。三角架实验装置示意图如图 2.36 所示。

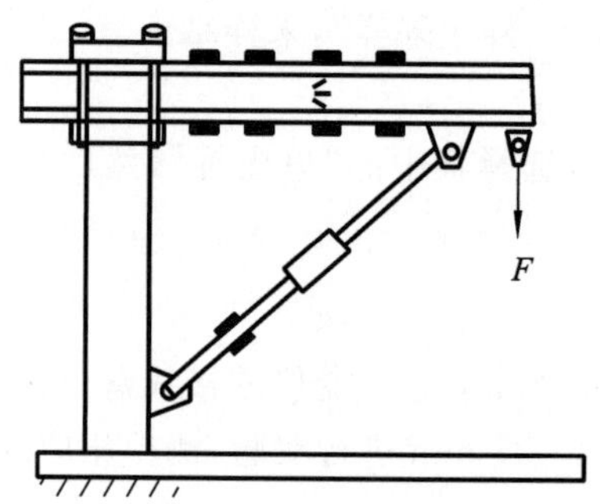

图 2.36　三角架实验装置示意图

1. 横梁结构分析

三脚架结构中，横梁构件既承受弯矩，也承受轴力，因此，横梁的实验分析含两部分。

第一部分：沿横梁轴线方向选四五个等间距截面，每个截面在上、下表面各贴一片轴向应变片。

第二部分：在横梁(工字钢)的形心位置布一片应变花，取应变花的三个应变片的方向(与工字钢轴向夹角)分别为＋45°、－45°和 0°。

因此，对斜杆进行实验分析时，在斜杆中间部分选定一个截面，按圆心角 90°在其表面选四个贴片测量点各贴一片轴向应变片。注意 0°和 180°位置的确定。

2. 斜杆结构分析

斜杆的约束条件不同，其受力状况是不一样的。如果斜杆两端的约束条件为铰支，则斜杆为两力杆，主要承受轴向拉伸或压缩，如果斜杆两端约束条件为固支，则斜杆的内力既有轴力又有弯矩。

四、实验内容

(1) 在悬臂梁状态下，由加载机构施加载荷 F，测定横梁上指定截面的应变。

(2) 安装斜杆，在三角架结构静定状态下，由加载机构施加载荷 F，测定各杆件内力。

(3) 当横梁固支、斜杆两端铰支时，由加载机构施加载荷 F，测定各杆件内力。

五、实验要求

(1) 熟悉材料力学中有关梁的弯曲与变形、静不定结构的相关内容。

(2) 根据自己的理解，建立三角架的理论模型，完成理论分析。

(3) 书写完整的实验方案，设计表格，记录测试实验数据，进行结果分析，形成完整的实验报告。

六、结果整理

(1) 所有测试数据均以表格形式呈现。

(2) 由实验数据计算横梁上的弯矩及轴力，并画出弯矩图。

(3) 由实验数据计算斜杆的轴力。

(4) 计算实验值与理论值的相对误差，分析误差来源，并给出合理的解释。

七、思考题

(1) 分析实验装置中横梁存在的内力，利用电测法测定横梁截面内的弯矩和轴力，设计最合理的贴片方案及组桥连线方式。

(2) 斜杆两端为铰支时，如何布片和采用哪种组桥方式测定杆内轴力？

(3) 如果斜杆两端约束为固支，如何选择合适的布片方案和选择哪种组桥方式分析斜杆的内力？

实验十　叠梁、复合梁应力测量实验

有些工程结构中，会使用到叠梁或复合梁构件，这种形式的梁，在承受载荷产生弯曲变形时，其沿截面高度应力分布与单层梁是不一样的，对其应力进行测量，对于梁结构的设计和选用具有参考意义。

一、实验目的

（1）用电测法测定叠梁、复合梁在纯弯曲受力状态下，沿其横截面高度的正应力分布规律。

（2）推导叠梁、复合梁的正应力计算公式。

二、实验设备和仪器

（1）叠梁、复合梁实验装置。

（2）DH3818 静态电阻应变仪。

三、实验原理

叠梁、复合梁均由铝合金梁和钢梁叠合或复合而成，其弹性模量分别为 $E_1=72$ GPa 和 $E_2=210$ GPa。叠梁实验时，叠梁上有 4 个锥销孔，可不加锥销，也可加上 4 个锥销。复合梁则是用黏结剂将铝合金梁和钢梁黏结在一起的。

叠梁或复合梁受力状态及有关尺寸见图 2.37。在叠梁或复合梁的纯弯曲变形段内，沿叠梁或复合梁的横截面高度方向粘贴 12 片应变片，应变片粘贴位置见图 2.38。当梁受力变形后，可由应变仪测得每片应变片的应变，得到实测的沿叠梁或复合梁横截面高度方向的应变分布规律，通过实测应变值计算出实验应力值。通过该实验，可以探讨叠梁中各分体梁的应力分布规律及其抗弯刚度，以及叠梁、复合梁的中性层问题。

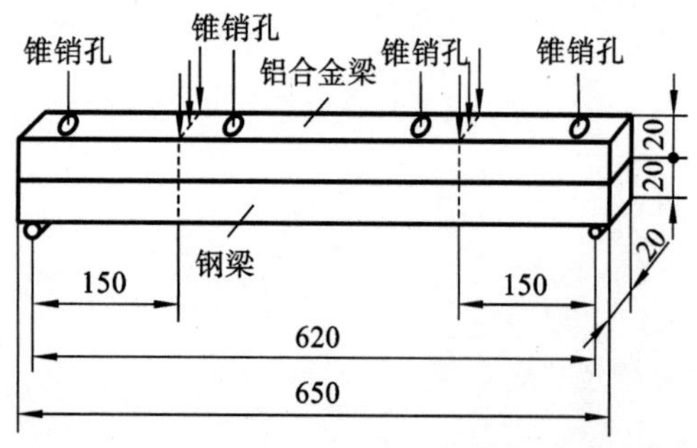

图 2.37　叠梁或复合梁受力状态及有关尺寸

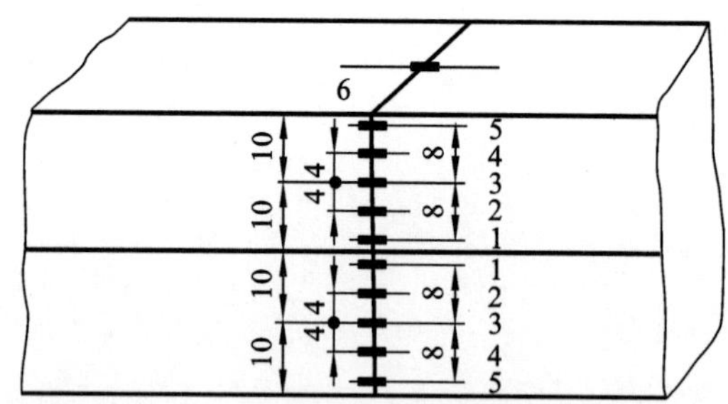

图 2.38　叠梁或复合梁应变片粘贴位置

四、实验要求

（1）熟悉材料力学中有关梁纯弯曲变形的相关理论，分析单片梁在不同情况下的理论应力分布情况。

（2）选择合适的组桥方式，连线组桥完成实验测量。

（3）编写实验报告，记录各级荷载作用下各测点的应变值。

（4）根据实验结果，计算各测点的应力值，并与理论值比较。

（5）分析误差及其原因。

五、实验记录

将实验数据记录在表 2.10 中。

表 2.10　实验数据记录和处理列表

试样材料：弹性模量 $E=$

基本参数　$h=$　　mm；$b=$　　mm；$a=$　　mm；

$L=$　　mm

电阻片灵敏系数 $K=$　　　　电阻应变仪灵敏系数 $K'=$

设备型号：　　　　设备编号：

载荷		应变仪读数（$\mu\varepsilon$）							
总载荷 F/kN	增量 ΔF/kN	测点 1		测点 2		测点 3		测点 4	
		读数	增量	读数	增量	读数	增量	读数	增量
0.5									
1.0									
1.5									
2.0									
2.5									
3.0									
3.5									
平均值 $\overline{F}=$		$\overline{\Delta\varepsilon_1}=$		$\overline{\Delta\varepsilon_2}=$		$\overline{\Delta\varepsilon_3}=$		$\overline{\Delta\varepsilon_4}=$	
应力增量测量值 $\Delta\sigma=E\overline{\Delta\varepsilon}$									
应力增量理论值 $\Delta\sigma=\Delta MY/I$									
误差									

续表

载荷		应变仪读数($\mu\varepsilon$)						
总载荷 F/kN	增量 ΔF/kN	测点 5		测点 6		测点 7		…
		读数	增量	读数	增量	读数	增量	…
0.5								
1.0								
1.5								
2.0								
2.5								
3.0								
3.5								
平均值 $\overline{F}$ =		$\overline{\Delta\varepsilon_5}$ =		$\overline{\Delta\varepsilon_6}$ =		$\overline{\Delta\varepsilon_7}$ =		
应力增量测量值 $\Delta\sigma=E\,\overline{\Delta\varepsilon}$								
应力增量理论值 $\Delta\sigma=\Delta MY/I$								
误差								

六、思考题

(1) 纯弯曲变形时，叠梁(或复合梁)与单体梁的应力分布规律有何异同？

(2) 叠梁(或复合梁)的设计在实际工程中有何意义？

实验十一　桁架与刚架应力与内力测量实验

刚架和桁架是现代大型工程中常见的两种结构类型，刚架的特点是杆件少，制作加工方便，内部空间大，便于空间设计和利用；而桁架是一种高效的建筑结构，具有结构重量轻，材料利用率高，安装方便等优点。刚架的结构特点为直杆件多，横梁与立柱之间用刚节点连接，而桁架结构特点为高次超静定，杆件与杆件之间、杆件与节点板之间用铆钉或螺栓连接，或者焊接。这两种结构在做理论计算时，刚架是较为准确的理论模型，而桁架则做了大量的简化。本实验通过测量应变获得刚架和桁架的内力，了解理论模型的有效性。

一、实验目的

(1) 用实验的方法测量桁架与刚架结构杆件的应变，分析杆件的内力及其分布规律。

(2) 比较桁架与刚架结构截面内力与位移的实验值与理论值，验证桁架与刚架结构模型的有效性。

(3) 测量桁架与刚架结构中节点位移，分析其承载后的结构变形特点。

二、实验设备

(1) 平面刚(桁)架实验装置一套。

(2) 静态电阻应变仪。

(3) 电子百分表。

三、实验原理

刚架和桁架都是常见的杆系结构。刚架的结构特点是杆件即横梁与立柱之间用刚节点垂直连接；而桁架的结构特点为高次超静定，杆件与杆件之间，杆件与节点板之间用铆钉或螺栓连接，或者焊接。这两种结构在做理论分析时，一般是将抽象出的结构的所有刚架的节点铰化，则刚架变成几何可变体系，而桁架为几何不变体系。这两种结构的受力特点不同，刚架的杆件中弯矩是主要内力，桁架的杆件则以轴力为主，理想桁架模型假定其所有杆件为二力杆，杆件轴线分别交于节点并只受节点载荷作用，是直杆铰接体系；可见刚架是较为准确的理论模型，而桁架则做了大量的简化，是对实际的抽象，实际桁架杆件的受力以拉压轴力为主，也有弯矩和剪力的存在，只是影响较小的次内力。探讨桁架结构杆系次内力的大小，是研究桁架模型有效性的关键问题。

图 2.39　平面刚(桁)架实验装置简图

平面刚(桁)架实验装置如图 2.39 所示，该装置包含加载架和两条连接直连杆，刚架左边为固定铰支，右边为活动铰支，其主要参数如下。

(1) 试件几何尺寸：直链杆直径 $\phi=4$ mm，刚架横截面尺寸为 4 mm×8 mm；

(2) 试件材料为低碳钢，弹性模量 $E=215\ \text{GPa}$；

(3) 应变片电阻值 $R=120\ \Omega$，灵敏度系数 $K=2.18$；

(4) 最大容许载荷：刚架 $P\leqslant 1000\ \text{N}$，桁架 $P\leqslant 1900\ \text{N}$。

四、实验步骤

将试验架(见图 2.40)置于载荷加载架中，试验架结构左右两端支撑可以简化为一端固定铰支，一端活动铰支。两种结构的转换，通过增减一对连杆实现。

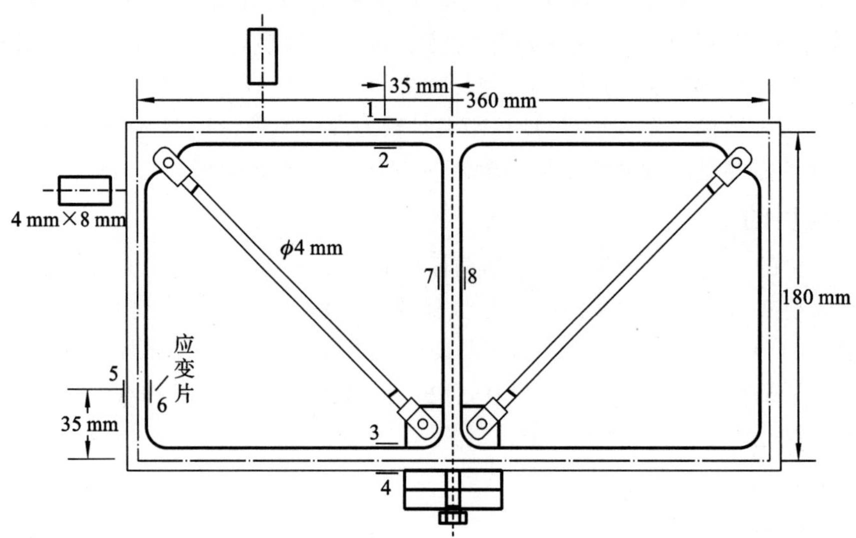

图 2.40　加载架尺寸

(1) 将试验架的两个斜杆取下，试验架成为超静定的刚架结构，在刚架上横梁中点处施加载荷，测取其上相应位置(点 1 至点 8，见图 2.40)处的应变，可得到刚架结构测点处的变形及应力。百分表用于测量刚架结构中节点的位移。根据刚架结构的理论分析，在贴有应变片位置处梁的横截面上的内力和变形如图 2.41 所示(剪力的影响忽略不计)，根据叠加原理，有：

$$\varepsilon_N=\frac{1}{2}(\varepsilon_{i+1}+\varepsilon_i) \tag{2.55}$$

$$\varepsilon_M=\frac{1}{2}(\varepsilon_{i+1}-\varepsilon_i) \tag{2.56}$$

$$N=EA\varepsilon_N \tag{2.57}$$

$$M=EW\varepsilon_M \tag{2.58}$$

式中：A——横截面面积；

W——梁的抗弯截面系数，且 $W=42.667\ \text{mm}^2$，$A=32\ \text{mm}^2$

ε_N——轴力引起的正应变；

ε_M——弯矩引起的正应变；

ε_i——第 i 个应变片的测量值，$i=1,3,5,7$。

将实验测得的点 1 至点 8 的应变值代入式(2.55)～式(2.58)，可以计算出刚架在该横截面上的轴力值和弯矩值，将测量值与理论值比较可以验证刚架模型的有效性。

(2) 恢复试验架的上两个斜杆,并用螺栓连接,此时两个斜杆和试验架之间可以看成是铰链连接,尽管其他杆件之间仍然是刚接。根据相关理论,试验架可以理想化为平面桁架模型。

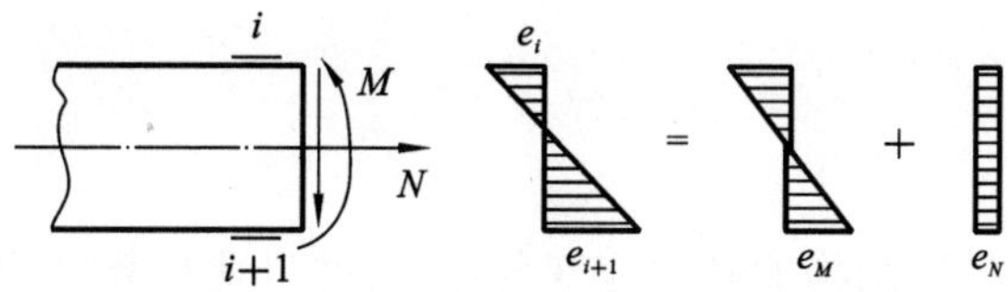

图 2.41　刚架横截面的内力及正应变

五、实验要求

(1) 编写实验报告,设计表格记录各级载荷作用下的应变值和百分表读数。

(2) 根据实验结果,求出所测截面上的内力,并与理论值比较。

(3) 分析误差及其产生的原因。

(4) 绘制刚架的理论和实验弯矩图及桁架的理论和实验轴力图。

六、思考题

(1) 刚架和桁架的简化模型有什么不同?请解释原因。

(2) 实验测量结果对理论模型简化有何指导意义?

(3) 桁架结构的实测结果和理论值之间存在误差的原因是什么?

实验十二　曲梁与拱结构内力测量实验

一、实验目的

(1) 测量曲梁与两铰拱结构的轴向应变与应力，并以此计算结构的轴力和弯矩及相应截面的位移。

(2) 将实验结果与理论值比较，分析曲梁和拱结构的受力特点。

二、实验设备

(1) 多功能压杆试验台；

(2) 应变仪；

(3) 百分表。

三、实验原理

曲梁与拱结构属于工程中常见的平面曲杆结构，其特征是载荷都作用在曲杆上的纵向对称面内，且曲杆变形前后其横截面形心连线都是纵向对称面内的平面曲线，因此，平面曲杆受载后产生对称弯曲变形。

曲梁与拱结构实验装置如图 2.42 所示。其主要参数如下：

曲杆轴线半径 $R=200\pm3$ mm，矩形截面为 20 mm×4 mm；

曲杆材料为弹簧钢(60Si2Mn)，且经热处理，弹性模量 $E=210$ GPa；

应变片灵敏度系数 $K=2.14$；

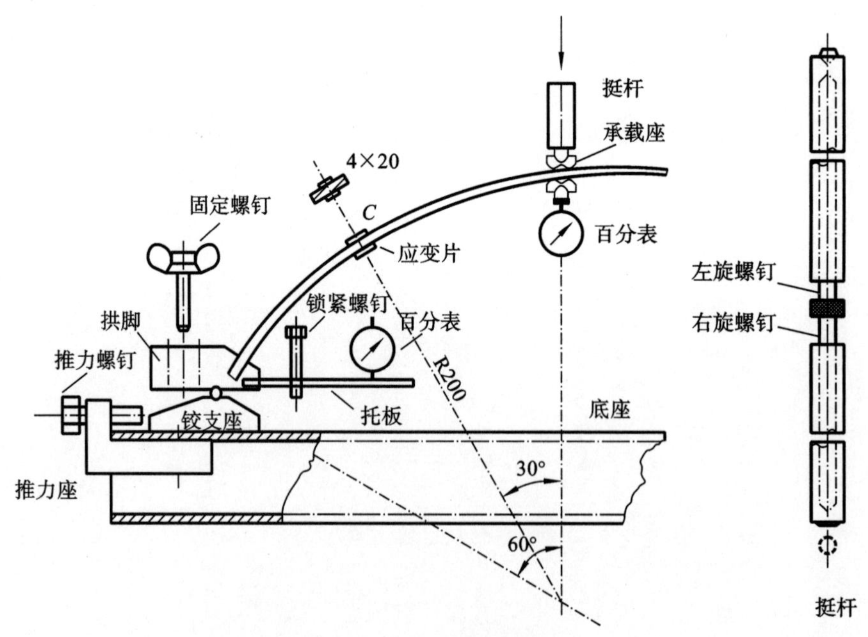

图 2.42　实验装置简图

最大容许载荷：简支梁 $F\leqslant 300$ N；二铰拱 $F\leqslant 1600$ N；无铰拱 $F\leqslant 1900$ N。

曲梁与拱试样为弹簧钢制成的矩形截面曲杆，圆心角为 120°，拱顶有承压座，两侧拱腰的 30°截面处对称地贴有电阻应变片，用于测定其轴力和弯矩。两拱脚接头卡上安有水平托板，供安装测定角位移的百分表之用，拱脚两端通过辊轴压在两个铰支座上，可产生微小的转动。铰支座置于方形钢管制成的底梁上，其两端装有止推座，调整推力顶丝，可改变支座的约束形式。

通过改变该装置拱脚部分的约束条件，可分别实现简支曲梁、二铰拱和无铰拱的结构改变。

1. 理论分析

(1) 简支曲梁某截面的理论弯矩和轴力为

$$M_{(\varphi)}=\frac{P}{4}R(\sqrt{3}-2\sin\varphi) \tag{2.59}$$

$$N=\frac{P}{2}\sin\varphi \tag{2.60}$$

式中：P——构件顶端施加的载荷；

φ——截面与竖直方向夹角；

R——构件的曲率半径。

(2) 二铰拱某截面的理论弯矩与轴力

$$M_{(\varphi)}=\frac{P}{4}R(\sqrt{3}-2\sin\varphi)-\frac{X_1}{2}R(2\cos\varphi-1) \tag{2.61}$$

$$N=-\frac{P}{2}\sin\varphi-X_1\cos\varphi \tag{2.62}$$

X_1 为支座约束载荷，可用最小功原理求得

$$X_1=\frac{15-2\sqrt{3}}{6(2\pi-3\sqrt{3})}P \tag{2.63}$$

(3) 无铰拱某截面的理论弯矩与轴力

$$M_{(\varphi)}=\frac{P}{4}R(\sqrt{3}-2\sin\varphi)-\frac{X_1}{2}R(2\cos\varphi-1)+X_2 \tag{2.64}$$

$$N=-\frac{P}{2}\sin\varphi-X_1\cos\varphi \tag{2.65}$$

其中：

$$X_1=\frac{9(2\sqrt{3}-\pi)}{2(4\pi^2-3\sqrt{3}-54)}P \tag{2.66}$$

$$X_2=\frac{\sqrt{3}(-2\pi^2+2\sqrt{3}+9)}{2(4\pi^2-3\sqrt{3}-54)}P \tag{2.67}$$

2. 实验分析

将曲梁与拱结构实验装置置于压杆试验台的底板正中，装上传力挺杆，调整好杆长，匀速、缓慢地转动施力旋钮，通过力传感器进行加载实验。通过测量构件的变形，可以得到其实验应力分布规律，据此便可计算其横截面上的轴力和弯矩。

实验结果可用于验证曲杆截面弯曲正应力理论计算公式的正确性。

四、实验步骤

1. 二铰拱实验

(1) 松开蝶形螺母和锁紧螺钉,检查支座安装是否妥当,推力顶丝是否顶紧。

(2) 安装传力顶杆,保证有足够的行程,并调节好杆长,使初始时顶杆与承载座和滚珠座之间有良好的接触但又基本不受力。

(3) 安装百分表,调整好百分表零点。

(4) 选择合适的桥路连接并调整好应变仪。

(5) 正式实验之前,先预压几次,观察试样的变形形式并检验仪器工作是否正常。

(6) 分级缓慢加载,并记录各级载荷所对应的应变值及位移值。

2. 曲梁实验

拆除两端的水平约束,在铰支座下放好减摩垫片,完成简支曲梁结构改装,然后进行实验。实验程序参考二铰拱实验。

3. 无铰拱实验

抽出两端的铰支座和辊轴,拧上固定螺钉,并顶死推力顶丝,使两拱脚与底梁完全固接,完成无铰拱结构改装。开始实验,实验操作过程参考二铰拱实验。

五、数据处理和实验结果分析

(1) 设计表格记录各级载荷作用下的应变值和百分表读数。

(2) 根据实验结果,求出所测截面上的轴力和弯矩,并与理论值比较。

(3) 绘制曲梁和拱结构截面上的应力和内力分布图。

六、思考题

(1) 试述拱结构的受力特点。

(2) 为什么二铰拱正应力最大截面不在拱顶处?实验结果是否如此?实验结果对工程实际有何指导意义?

(3) 简支曲梁与无铰拱的正应力最大截面在何处?与实验结果是否相符?

(4) 拱结构的主要破坏形式是什么?

实验十三　螺栓松动的实验研究

螺栓连接结构作为紧固件连接的最基本结构形式，应用广泛。螺栓连接结构需要在一定的预紧力下才能正常工作，预紧力不足会发生松动脱落，造成事故。

一、实验目的

(1) 熟悉螺栓连接结构实验装置的工作原理。

(2) 设计对螺栓连接结构松动测试的贴片方案。

(3) 设计实验加载方案。

二、实验设备

(1) 10 t 电子拉伸试验机。

(2) 静态电阻应变仪。

三、实验装置与实验原理

如图 2.43 所示螺栓连接实验装置，该装置由两个侧面螺栓、一对中间螺栓（上、下）和两块夹具平板组成。试验机上、下夹具分别夹持中间上、下螺栓。施加轴向载荷，该轴向载荷通过两块夹具平板，将试验机载荷均分于两侧面螺栓，作为两个侧面螺栓轴向载荷。

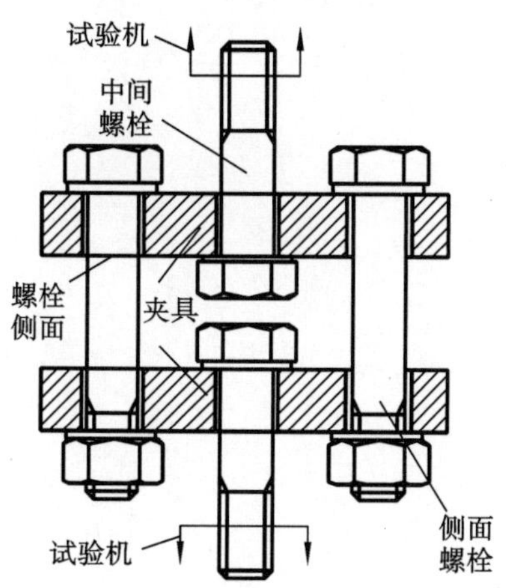

图 2.43　螺栓连接实验装置

该实验装置选用强度等级为 4.8 级的 M12 螺栓作为两侧面工作螺栓，在工作过程中，螺杆承受拉伸载荷（拉应力），螺栓头部顶面看似自由面，但实际上由于螺栓头部底面和被连接件或垫片接触并承载，使得螺栓头部顶面处于变形状态。

对螺栓的松动进行检测，直观上测试螺杆的应变即可，因为理论上螺杆受力是单轴拉伸，故可以在螺杆轴向贴应变片，按照加载方案测一组应变，进行计算分析。但是，正常工作的螺栓其螺杆是不可能裸露可见的，故在工程实际测量时螺杆贴片的方案不切合实际工况。因此可选择的贴片位置就只有螺栓头部顶面和侧面了。

考虑到工程实际与实验的不同，该实验贴片方案除了考虑螺栓头部顶面和侧面外，螺杆部位同样贴片测量，将螺杆测量的实验数据与其他两部位测量的数据进行比对，建立螺杆轴力变化和螺栓头部顶面和侧面应变的关系规律。

四、实验要求

(1) 制定合理的贴片方案。

(2) 设计合理的加载方案模拟螺栓松动。

(3) 选择合适的电阻应变测量组桥连线方案，消除温度影响。

(4) 对数据进行分析，计算螺栓头部主应力方向及应力变化规律。

(5) 书写完整的实验方案，记录测试数据，进行结果分析，形成完整的实验报告。

五、数据处理和实验结果分析

(1) 对数据进行分析，计算螺栓头部主应力方向及应力变化。

(2) 分析螺栓头部侧面应力分布规律。

六、思考题

(1) 请对螺栓头部和杆部进行理论受力分析。

(2) 谈谈对该实验方案的看法。

(3) 实验的结果与理论分析一致性如何？如何改进？

第三部分　光弹性测量实验

概　　述

光弹性测量是光测力学测试方法的一种，是光学与力学相结合的测试方法，其最大特点是测量一个场（位移场、应变场、应力场等），直观性和可靠性高，可实时观测且实现非接触测量，能有效准确地确定构件受力后应力分布情况。光弹性测量将光的干涉、偏振和双折射等光波动的特征，应用于模拟结构件受力的光学模型，测量模型的应力分布规律，以达到对结构件受力情况的了解。光弹性测量实验的目的是让学生了解光学不仅是严谨的基础性学科，而且也是一门应用范围非常广泛的技术性学科，启发学生对光学研究的进一步拓展，以及对光学应用领域的进一步开发。

一、光学基础理论

（一）光波的概念

光波具有波、粒二象性，麦克斯韦理论认为，光波是一种电磁波，其振动方向和传输方向垂直，是一种横波。在直角坐标系中，设 x 方向为光的传输方向，y 方向为其振动方向，则光波的波动方程可以表达为

$$y=a\cos(\omega t-kx+\varphi) \tag{3.1}$$

式中：t——时间；

a——光粒子的最大振幅；

ω——圆频率；

k——波数；

$\omega t-kx+\varphi$——相位。

对同一光波，其相域图形和时域图形如图 3.1 所示。

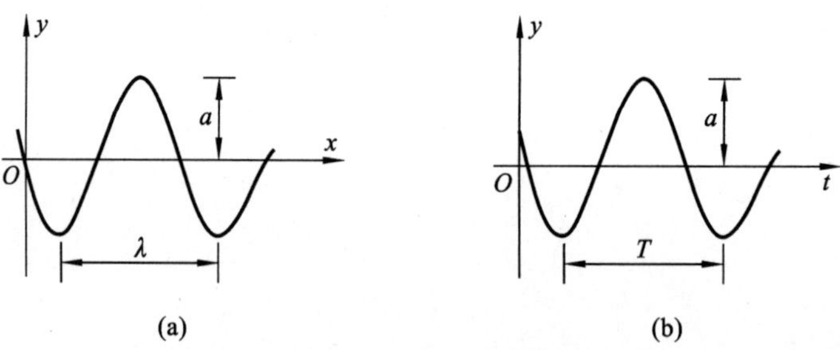

图 3.1　光波图形的不同表达

(a) 相域图形；(b) 时域图形

沿光波的传输方向，周相 $\omega t+\varphi$ 相同的两个最近点之间的距离，称为光的波长 λ（见图 3.1(a)），一般是一个完整的正弦波的长度；一个波长的波通过一个空间点所需的时间称为周期，用 T 表示（见图 3.1(b)），它表示光做一次完整的振动所需要的时间。波速，即光波的传播速度，其沿传输方向行进的速度 $v=\dfrac{\lambda}{T}$。波速 v 和波数 k 的关系为：$k=\dfrac{\omega}{v}$ 。频率 $f=$

$\frac{1}{T}$，且 $\omega=2\pi f$。

自然光也称白光，是由自然界中各种频率且沿各个方向振动的光组合而成的。而只具有单一的频率的光称为单色光，只在某一固定方向振动的光称为偏振光。

(二)光波的叠加

空间独立传播的光波在空间任意一点处相遇后，其光振动是同一时刻到达该点的所有光波光振动的矢量和，这就是光波的叠加。

1. 两列同振动方向、同频率且具有恒定相位差的单色光的叠加

如图 3.2 所示两个单色光光源 s_1 和 s_2，发出同频率、同振动方向的光波，在空间一点 P 处相遇，点 P 到s_1、s_2的距离分别是r_1和r_2，由波动方程可知，两列光波在点 P 的振动方程分别为

$$E_1=a_1\cos(kr_1-\omega t) \tag{3.2}$$

$$E_2=a_2\cos(kr_2-\omega t) \tag{3.3}$$

式中：a_1，a_2——s_1、s_2两列光波在点 P 的振幅。

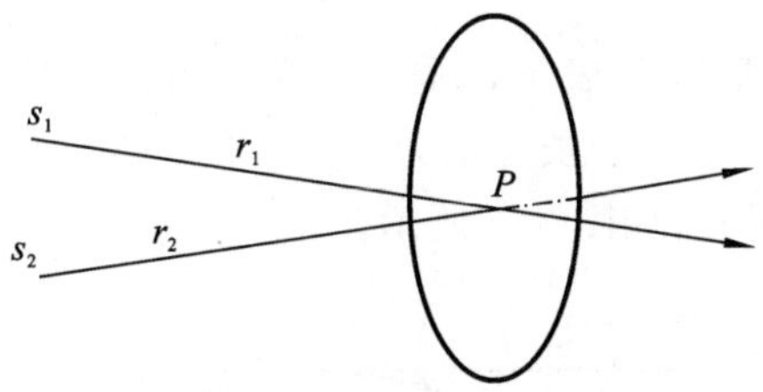

图 3.2　两列光波的叠加示意图

假如 $\alpha_1=kr_1$，$\alpha_2=kr_2$，由叠加原理知，点 P 的合成振幅为

$$E=E_1+E_2=a_1\cos(\alpha_1-\omega t)+a_2\cos(\alpha_2-\omega t)=A\cos(\alpha-\omega t) \tag{3.4}$$

$$A=\sqrt{(a_1)^2+a_2{}^2+2a_1a_2\cos(\alpha_2-\alpha_1)} \tag{3.5}$$

$$\tan\alpha=\frac{a_1\sin\alpha_1+a_2\sin\alpha_2}{a_1\cos\alpha_1+a_2\cos\alpha_2} \tag{3.6}$$

式中：A——合成光的振幅；

α——合成光的初相。

由此可知，点 P 的合成光，其振动频率与两单色光相同，振幅和相位可计算得到。若 $a_1=a_2=a$，设 $I_0=a^2$，$\delta=\alpha_2-\alpha_1$，则式(3.5)可改写为

$$I=4I_0\cos^2\frac{\delta}{2} \tag{3.7}$$

式(3.7)表明在点 P 的合成光强 I 由s_1和s_2两光源发出的光波的光强及二者的相位差决定。当 $\delta=2n\pi$ 时($n=0,1,2,\cdots$)，$I=I_{\max}=4I_0$，点 P 的光强最强；而当 $\delta=(2n+1)\pi$ 时($n=0,1,2,\cdots$)，$I=I_{\min}=0$，点 P 的光强最弱。

2. 两列振动方向相互垂直、同频率且具有恒定相位差的单色光叠加

如图 3.3 所示，两单色光源 s_1 和 s_2，发出同频率、振动方向互相垂直的单色光波，其振动方向分别平行于 x 轴和 y 轴，并沿 z 轴方向传播，两光波在空间点 P 的振动方程分别为

$$E_x=a_1\cos(kz_1-\omega t) \tag{3.8}$$

$$E_y = a_2 \cos(kz_2 - \omega t) \tag{3.9}$$

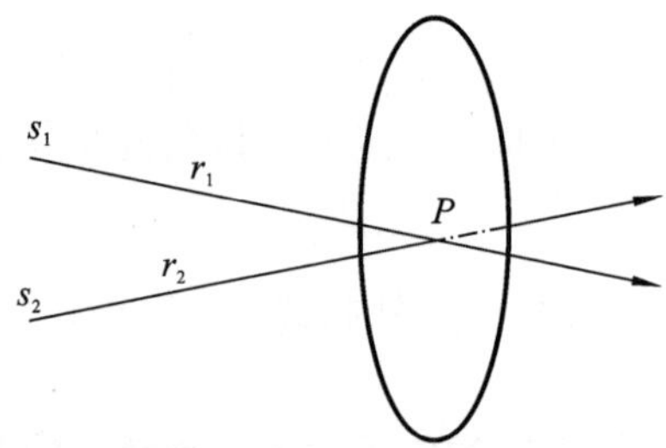

图 3.3　振动方向互相垂直的光波叠加示意图

它们在点 P 的叠加合成振动为

$$E = x_0 E_x + y_0 E_y = x_0 a_1 \cos(kz_1 - \omega t) + y_0 \cos(kz_2 - \omega t) \tag{3.10}$$

其合成振幅矢量末端运动轨迹方程为

$$\frac{E_x^{\ 2}}{a_1^{\ 2}} + \frac{E_y^{\ 2}}{a_2^{\ 2}} - 2\frac{E_x E_y}{a_1 a_2}\cos(\alpha_2 - \alpha_1) = \sin^2(\alpha_2 - \alpha_1) \tag{3.11}$$

式中：$\alpha_1 = kz_1$，$\alpha_2 = kz_2$。

很明显，式(3.11)为椭圆方程，表示在垂直于光传播方向平面上，合成振动矢量末端的运动轨迹为一椭圆，该椭圆内切于边长分别为 $2a_1$ 和 $2a_2$ 的长方形，椭圆的长轴与 x 轴夹角为 φ，这样的光称为椭圆偏振光，如图 3.4 所示。

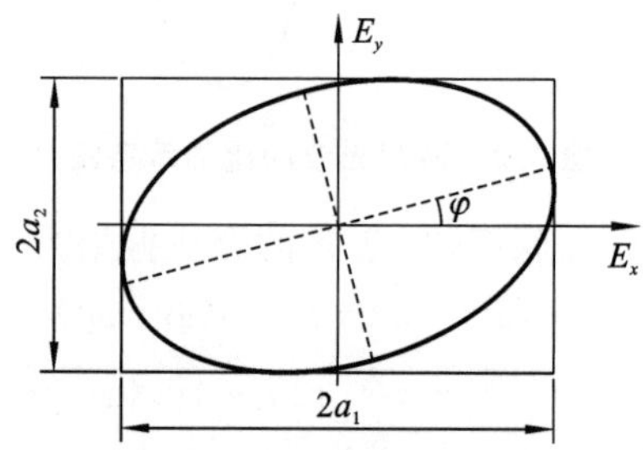

图 3.4　椭圆偏振光轨迹

如果以上两束光波的振幅相同，则方程(3.11)变成圆方程，此时的合成光称为圆偏振光，表示在垂直于光传输方向的平面上，合成矢量的末端运动轨迹为圆。

(三)双折射

一束自然光穿过光学各向异性的晶体时分解成振动方向相互垂直的两束偏振光的现象称为光的双折射现象。这是天然晶体的固有特性，因此称为永久折射。某些非晶体材料，如环氧树脂、有机玻璃等，在人为条件下，会像晶体一样表现出光学各向异性，产生双折射现象，称为人工双折射。这种非晶体材料在外力作用下产生的人工双折射现象被称为光弹性效应。

经双折射产生的两束光，其光矢量振动方向垂直，其中遵循折射定律的称为寻常光(o光)，不遵循折射定律的称为非寻常光(e光)。这两束光在穿过晶体时速度各不相同，若o光比e光快，称该晶体为正晶体，反之为负晶体。晶体有一特定的方向，当光束沿此方向入射时，不发生双折射现象，这个特定的方向称为晶体的光轴。从晶体平行于光轴的方向切取薄片，称为波片。由正晶体切取的波片，将对应于o光和e光的振动方向，分别称为波片的快轴和慢轴。

（四）$\frac{1}{4}$波片

由圆偏振光的分析可知，获得圆偏振光的条件是：频率相同，振幅相同，相位差为$\frac{\pi}{2}$。因此，将一束平面偏振光射入由双折射晶体制成的波片，入射光的振动方向与波片的光轴成45°，通过控制波片的厚度，使射出波片的光经过双折射产生的两束平面偏振光的相位差刚好是$\frac{\pi}{2}$，则可满足产生圆偏振光的条件。由于相位差为$\frac{\pi}{2}$，相当于光程差为$\frac{1}{4}$波片长，因此这样厚度的波片被称为$\frac{1}{4}$波片。

二、平面光弹性实验原理

将处于平面应力状态的光弹模型置于光场中，使光线垂直入射模型主应力所在的平面，此时沿光线传播方向，模型上各点主应力大小和方向沿模型厚度方向均保持不变。

（一）应力-光学定律

白光或单色光（光源）经过第一片偏振镜（起偏镜）后形成平面偏振光，当这束平面偏振光垂直入射到受力产生弹性变形的光弹性材料（环氧树脂等）模型后，由于应力场的存在和人工双折射性质，使得垂直通过其中的平面偏振光产生暂时双折射现象，分解为两列平面偏振光，这两列偏振光的振动方向分别与模型上入射点处的两个主应力方向一致，并以不同的速度在两个主应力所在平面内传播。模型厚度使得两束偏振光分量产生了光程差δ

$$\delta = Ch(\sigma_1 - \sigma_2) \tag{3.12}$$

式中：C——模型材料的应力光学常数；

h——模型厚度；

σ_1，σ_2——模型上偏振光入射点处的两个主应力。

公式(3.12)就是平面应力-光学定律，也是光弹性实验的基本理论。由该公式可知，当模型厚度一定时，任一点的光程差与该点的主应力差成正比。当两束偏振光满足干涉条件后，就产生光干涉，呈现干涉条纹图。实验证明，光程差δ除与模型材料性质、光源波长有关外，还与模型在该点两主应力差的大小有关。当模型厚度一定时，任一点的光程差与该点的主应力差成正比。光弹性实验的本质就是通过（利用光弹性仪）测量模型上各点光程差的大小，运用平面应力-光学定律来确定其主应力差，从而实现应力的光学测量。公式(3.12)也可改写为

$$\sigma_1 - \sigma_2 = \frac{N\lambda}{Ch} = N\frac{f_\sigma}{h} \tag{3.13}$$

式中：N——干涉条纹的级数，无量纲；

h——模型厚度；

f_σ——材料条纹值，是一个与光源波长和材料有关的常数，$f_\sigma = \lambda/C$，单位是牛/（米·条），表示单位厚度的模型产生一级条纹所需的主应力差值，f_σ越小越灵敏，不同材料的条纹值是不同的。

式(3.13)表明主应力差的大小与模型的材料条纹值f_σ和干涉条纹级数 N 成正比，与模型厚度 h 成反比。因此当模型厚度 h 一定时，只要找出条纹级数 N，就可以求出主应力差的大小。

在偏振光场中，利用光的干涉原理可以确定出模型上各点条纹级数 N。

(二)正交平面偏振光场

如图 3.5 所示为正交平面偏振光场示意图，起偏镜和检偏镜的偏振轴互相垂直(正交)，此时如果中间没有光弹模型，通过起偏镜的光不能通过检偏镜，投影屏是黑暗的，此时的光场为暗场。

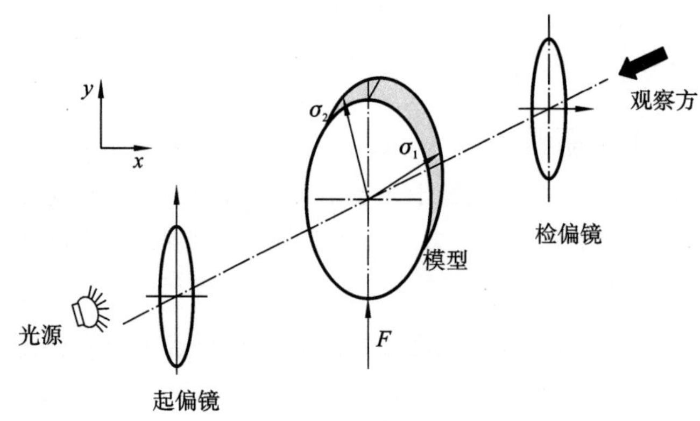

图 3.5　正交平面偏振光场布置图

放入光弹模型后，光源发出的光经过起偏镜后，变为振动方向与起偏镜偏振轴同向的平面偏振光。当这束平面偏振光到达受力模型处，在人工双折射效应的作用下，被分解为分别沿 σ_1、σ_2 方向传输的两束偏振光，由于传输速度不同，穿透模型的两束平面偏振光产生光程差。当这两束产生光程差的平面偏振光经过检偏镜后，被调制为振动方向相同、频率相同且一直保持稳定光程差的两束平面偏振光，满足干涉条件。于是，在投影屏幕上就会出现明暗相间的干涉条纹。

(1) 单色光经起偏镜变为平面偏振光，设其波动方程为

$$u = A\sin\omega t \tag{3.14}$$

(2) 假设模型上某一点的主应力σ_1与起偏镜的偏振轴夹角为 θ，u 光波入射到光弹模型表面，发生人工双折射现象，被分解为沿σ_1和σ_2传输的两束偏振光u_1和u_2。

$$u_1 = A\sin\omega t\cos\theta \tag{3.15}$$

$$u_2 = A\sin\omega t\sin\theta \tag{3.16}$$

u_1 和u_2通过模型后，产生相位差 φ，变为 $u_1{}'$和 $u_2{}'$。

$$u_1{}' = A\sin(\omega t+\varphi)\cos\theta \tag{3.17}$$

$$u_2{}' = A\sin(\omega t+\varphi)\sin\theta \tag{3.18}$$

(3) 通过检偏镜后，$u_1{}'$和 $u_2{}'$合成为平面偏振光 u_3。

$$u_3 = A\sin2\theta\sin\frac{\varphi}{2}\cos\left(\omega t+\frac{\varphi}{2}\right) \tag{3.19}$$

u_3在检偏镜后的投影屏上感受到的光强变化规律为

$$I=KA^2\sin^2 2\theta\sin^2\frac{\varphi}{2} \tag{3.20}$$

因相位差 $\varphi=\frac{2\pi\delta}{r}$，则

$$I=KA^2\sin^2 2\theta\sin^2\left(\frac{\pi\delta}{r}\right) \tag{3.21}$$

当 $I=0$ 时，投影屏上呈现暗点，此时所有光强为 0 的暗点即为干涉条纹中的暗条纹，暗条纹分两种。

①等倾线。

$\sin 2\theta=0$，即 $\theta=0°$或$90°$ 时，在模型上的光入射点处，两个主应力方向分别和起偏镜、检偏镜的偏振轴方向相同。此时出现的一系列暗条纹称为等倾线，等倾线上各点的主应力相同。

将起偏镜的偏振轴置于水平位置，检偏镜的偏振轴置于垂直位置，模型上出现的是0°等倾线，线上各点的一个主应力方向必定与水平方向夹角为 0°，以保持起偏镜与检偏镜正交，同步旋转二者，可获得任意角度的等倾线。等倾线是黑色线。

②等差线。

若 $\sin\left(\frac{\pi\delta}{r}\right)=0$，即$\frac{\pi\delta}{r}=N\pi$ 或 $\delta=Nr$（$N=0,1,2,\cdots$），光程差 δ 是波长 r 的整数倍时，检偏镜后出现黑色条纹，这些条纹代表主应力差相等的点的轨迹，称为等差线。由于 $N=0,1,2,\cdots$，所以依次有 0 级，1 级，2 级，…等差线条纹。当采用白光光源时，等差线是彩色的，这是因为白光是混合光（各种波长，各种振动方向的单色光），当穿过模型的两列偏振光的光程差正好是某单色光波长的整数倍时，就会消掉这种波长的光，投影屏上出现其他补色光，等差线也称等色线。

（三）圆偏振光场

平面偏振光场中，等倾线和等差线会同时出现，相互干扰，影响测量结果。采用圆偏振光场，可以消除等倾线。如图 3.6 所示，圆偏振光场的布置是在平面正交光场光弹模型前后再各加一片$\frac{1}{4}$波片，单色光通过起偏镜后，成为平面偏振光，然后到达第一片$\frac{1}{4}$波片，沿该$\frac{1}{4}$

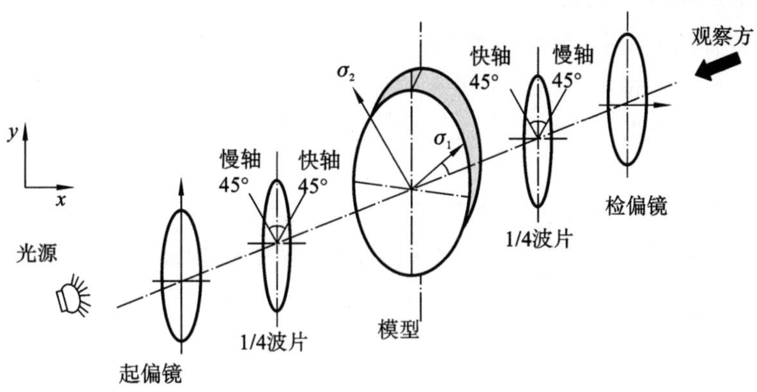

图 3.6　正交圆偏振光场布置图

波片的快、慢轴分解为两束平面偏振光，通过$\frac{1}{4}$波片后，产生$\frac{\pi}{2}$的相位差，形成干涉，合成圆偏振光，圆偏振光失去了平面偏振光的方向性，因而可以消除等倾线。这束圆偏振光到达模型上一点时，沿该点的主应力σ_1和σ_2方向分解，通过模型后产生相位差φ，达到第二片波片时，又沿其快、慢轴分解，之后通过第二片波片，又产生$\frac{\pi}{2}$的相位差，最后通过检偏镜得到的合成偏振光光强为

$$I=K\left(A\sin\frac{\varphi}{2}\right)^2=K\left(A\sin\frac{\pi\delta}{r}\right)^2 \tag{3.22}$$

当$I=0$，即$\frac{\pi\delta}{r}=N\pi$或$\delta=Nr$（$N=0,1,2,\cdots$）时，只有在光程差δ是单色光波长r的整数倍时出现等差线，且没有等倾线。因此，平面光弹实验采用圆偏振光消除等倾线的干扰。

若使检偏镜的偏振轴与起偏镜的重合，其他布置不变，则通过检偏镜的光强为

$$I=K\left(A\cos\frac{\varphi}{2}\right)^2\left(A\cos\frac{\pi\delta}{r}\right)^2 \tag{3.23}$$

当$I=0$，即$\frac{\pi\delta}{r}=\frac{m\pi}{2}$或$\delta=\frac{m}{2}r(m=0,1,2,\cdots)$，光程差$\delta$为单色光半波长的奇数倍时，产生半数级等差线条纹，即0.5级、1.5级……

（四）主应力差大小的计算

在等差线条纹图上确定某点条纹的级数N，再由平面应力-光学定律公式计算主应力差。在明场和暗场条件下，等差线图中的整数级和半数级条纹可直接识别。

光源为单色光时，等差线为黑色，此时，利用圆偏振光场消除等倾线，同时调整载荷由小到大增加，观察等差线出现的次序，可确定等差线出现的级数。

光源为白光时，根据等差线色序的变化，确定条纹级数的高低。光程差为零的区域全部被干涉为黑色，条纹级数为零。随光程差的增加，等差线色序按照黄→红→绿的规律周期变化，这个规律是条纹级数增加的方向，也是主应力差增加的方向，每一个黄→红→绿次序便是一个条纹级，等差线的级数以此确定。当出现绿→红→黄色序变化时，说明主应力差在减小，每个周期变化的色序有一定的宽度，红绿交界处条纹为整数级条纹。

（五）一点主方向的确定

首先同步旋转起偏镜和检偏镜，找到0°等倾线，0°等倾线一般在模型中力的对称轴上。然后继续同步旋转起偏镜和检偏镜是黑色的等倾线通过测量点，这时条纹的切线方向或法线方向即为模型上该点的σ_1方向或σ_2方向。转过的角度即为该点主方向与参考方向（力的对称轴）的夹角。

正交平面偏振光场中，等差线和等倾线条纹是同时出现的，干扰测量结果，根据材料力学相关知识，主方向只与受力状态有关，与载荷的大小无关，因此，将载荷加的尽量小，等差线几乎不出现，就可以不受干扰地确定各点的主方向了。但是，等差线的级数最好在正交圆偏振光场中确定。

实验一　光弹性仪认识与操作实验

一、实验目的

(1) 了解光弹性仪各部分的名称和作用,掌握光弹性仪的使用方法。

(2) 熟悉偏振光原理,掌握光弹仪的平面偏振场及正交平面偏振场布置。

(3) 熟悉圆偏振光原理,掌握光弹仪的圆偏振场及正交圆偏振场布置。

(4) 观察光弹性模型受力后在不同光场中的光学效应。

二、实验设备

(1) 光弹性仪。

(2) 直尺。

三、实验原理

图 3.7 所示光弹性仪是光弹性测量实验使用的主要设备,简称光弹仪,主要由光源及其部件(光源、集光器和遮光器)、偏振片、1/4 波片、成像镜、投影屏、加载架、实验模型等部件组成。

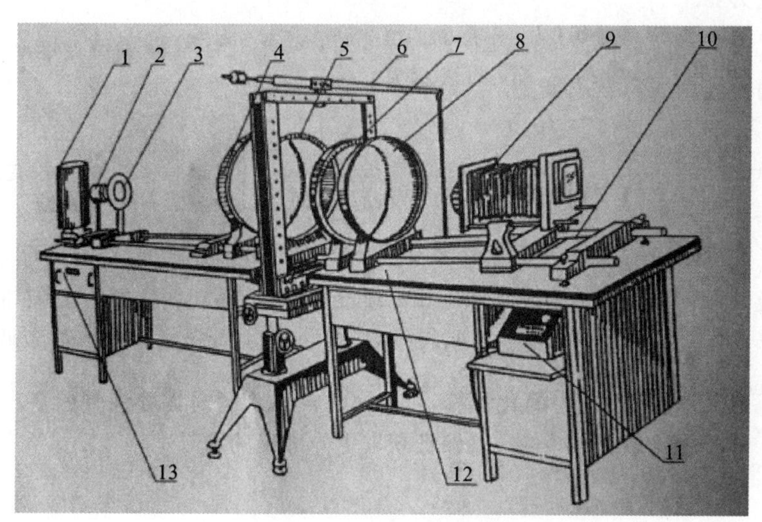

图 3.7　光弹性仪及其构造

1—光源;2—集光器;3—遮光器或滤光镜;4—准直透镜;5—起偏镜及 1/4 波片;6—加载架;7—1/4 波片;8—检偏镜;9—成像屏;10—移动导轨;11—同步控制器;12—试验台;13—电源

光源(白光或者单色光)发出的发散光,经集光器汇聚,形成适当的光束,为形成光场做准备。

偏振片共两片,根据放置位置不同,分为起偏镜或检偏镜。靠近光源放置的偏振片,将通过其中的自然光转为偏振光的,称起偏镜;而靠近投影屏放置的偏振片,其作用是检验入射光是否偏振光,故称检偏镜。起偏镜和检偏镜之间一般配有回旋机构,可以使两块偏振镜的偏振轴能够绕光传播的轴线同步旋转。

1/4 波片共两片，必须同时加入或移出光路。加入光路时，一片放置在起偏镜后，调整该片的快轴或慢轴分别与起偏镜的透光轴成 45°，就能够把起偏镜传来的平面偏振光变为圆偏振光。另一片放置在检偏镜前，其慢轴或快轴分别与前一片 1/4 波片的快轴与慢轴正交（相位差 $\pi/2$），可以消除前一片 1/4 波片引起的相位差，还原圆偏振光为平面偏振光。

成像镜的作用是成像，即将实验模型受载后产生的光学图案展示成像。

加载架的作用是放置实验模型并施加载荷，为方便调整模型的位置，加载架可以整体上下、左右移动。

实验模型选用具有折射功能的光学材质，模拟工程构件形状或者选用简单的几何形状，比如一定厚度的圆片，带孔矩形板等。实验模型受载后，处于平面应力状态，当平面偏振光垂直通过时，该模型就具有了暂时双折射现象，当入射的平面偏振光到达受力模型上某一点后，即沿着该点的两个主应力方向分解，并以不同的速度在模型内传播。而两束偏振光分量通过一定厚度的模型后，便产生了光程差 δ。这两束偏振光一旦满足干涉条件后，就产生光干涉，呈现干涉条纹图。

平面应力-光学定律说明：光程差 δ 除与模型材料性质、光源波长有关外，还与模型在该点两主应力差的大小有关。当模型厚度一定时，任一点的光程差与该点的主应力差成正比。这就是光弹性实验的本质——利用光弹性仪来测量模型上各点光程差的大小。

四、实验方法

光弹性仪各光学元件的光轴必须在同一直线上，光弹性仪才能正常工作。

1. 平面偏振光场的布置及调整

（1）平行平面偏振场布置。

移出光弹仪上的两片 1/4 波片，使起偏镜和检偏镜的偏振轴均对准 0°刻度线，此时观察到屏幕应是亮场，即得平面偏振场布置。

（2）正交平面偏振场布置。

使起偏镜的起偏振轴标志对准 0°刻度线，旋转检偏镜使其偏振轴标志对准 90°刻度线，此时观察屏幕应是黑暗，即得正交平面偏振场布置。若屏幕有微亮，则应重新调整。

注：在平面偏振布置状态下，给实验模型加载，可以观察到等倾线和等差线（又称等色线）同时出现，采用白光进行实验，得到的等倾线为黑色，而等差线则为黄、红、绿的彩色，容易区分这两种条纹。而在单色光下，观察到等倾线和等差线同时出现且互相干扰，不易区分。

2. 圆偏振光场布置及调整

（1）双正交圆偏振布置。

在调整好的平面正交偏振场布置状态下，在起偏镜后先装上一块 1/4 波片，使其快轴对准 45°刻度，此时屏幕呈现最亮；再在检偏镜前加入另一块 1/4 波片，使其慢轴对准反向 45°刻线，此时屏幕呈现最暗；两块 1/4 波片的快轴和慢轴互相垂直，即得双正交圆偏振场布置（暗场）。

注：双正交圆偏振光场布置是为测取等差线的整级条纹数，如 0，1，2，3，…级。一般采用白色光来找等差线条纹的零级点（黑色），利用等差线的黄、红、绿色排序，来判断高低条纹的

走向。如果从力学分析找不到零级条纹的点,亦可利用逐渐加载的方式来判断条纹的级次。

(2) 平行圆偏振布置的调整。

在正交圆偏振布置的基础上,调整起偏镜或检偏镜,使其互相平行,这样得到平行圆偏振布置,屏幕呈现最亮(明场)。

注:平行圆偏振布置可用来测定等色线的半级条纹数。如 0,0.5,1.5,2.5 级。

在圆偏振布置条件下,可以消除等倾线,只得到清晰的等差线条纹图案。圆偏振布置是光弹性实验用得较多的实验光路。

五、操作光弹性仪的注意事项

光弹性实验一般在暗室环境下操作,容易发生人身和仪器安全事故。操作人员要严格遵守光弹性实验室的制度,切实注意安全。

(1) 不能同时启用光弹性仪的两种光源,否则会烧坏电路。

(2) 未进行实验时,应事先调整好加载杠杆平衡砣的位置,使其处于水平状态,并记录杠杆的放大比。

(3) 给试样加载时,砝码应轻轻放在砝码盘中,待放稳后,方可松手,要防止砝码掉下来砸伤脚。实验完毕后,砝码应立即取下,放回原处,不得随意乱放。

(4) 仪器的光学部件、照相机镜头等均不得用手去触摸,防止损污仪器。可用高级擦镜头纸去污。

(5) 实验结束后,要切断电源,清理现场,所用工具、仪器附件应归还原处。仪器的防尘罩要罩好。经指导教师同意后,方可离开实验室。

六、思考题

(1) 你认为实验操作中哪些步骤对完成实验影响较大?

(2) 请简单描述(可以图解形式)正交偏振光场的布置。

实验二　对径受压圆盘光弹性实验

一、实验目的

(1) 了解光弹性实验的基本原理，熟悉光弹性仪各部分的名称和作用；

(2) 熟悉平面偏振布置的操作及平面偏振布置下暗场和亮场的转换产生的光学效果；

(3) 熟悉圆偏振布置的操作及圆偏振布置下暗场和亮场转换产生的光学效果；

(4) 在圆偏振布置中，了解 1/4 波片的作用；

(5) 观察平面模型受力后暂时的双折射现象及在平面偏振光场和圆偏振光场下的光学效应；

(6) 通过对径受压圆盘的光弹性实验，熟悉材料条纹值的测定流程及等差线图和等倾线图的绘制方法。

二、实验仪器设备

(1) 光弹仪。

(2) 游标卡尺。

(3) 环氧树脂圆盘试样。

三、实验原理

1. 对径受压圆盘的理论应力分析

图 3.8 所示的对径受压圆盘，直径为 D，厚度为 h，载荷 F 沿 y 轴施加，圆盘各点的应力为

$$\sigma_x=\frac{2F}{\pi Dh}\left(1-\frac{16D^2x^2}{(D^2+4x^2)^2}\right) \tag{3.24}$$

$$\sigma_y=-\frac{2F}{\pi Dh}\left(\frac{4D^2x^2}{(D^2+4x^2)^2}-1\right) \tag{3.25}$$

为计算方便只分析圆盘中心，圆盘中心点 O 处于两项应力状态，其主应力分别为

$$\sigma_1=\sigma_x=\frac{2F}{\pi Dh} \tag{3.26}$$

$$\sigma_2=\sigma_y=-\frac{6F}{\pi Dh} \tag{3.27}$$

主应力差为

$$\sigma_1-\sigma_2=\frac{8F}{\pi Dh} \tag{3.28}$$

由平面应力-光学定律知：

$$\sigma_1-\sigma_2=\frac{Nf}{h} \tag{3.29}$$

则条纹值为

$$f=\frac{8F}{\pi D N_0} \tag{3.30}$$

式中：N_0——圆盘中心点 O 的条纹级数。

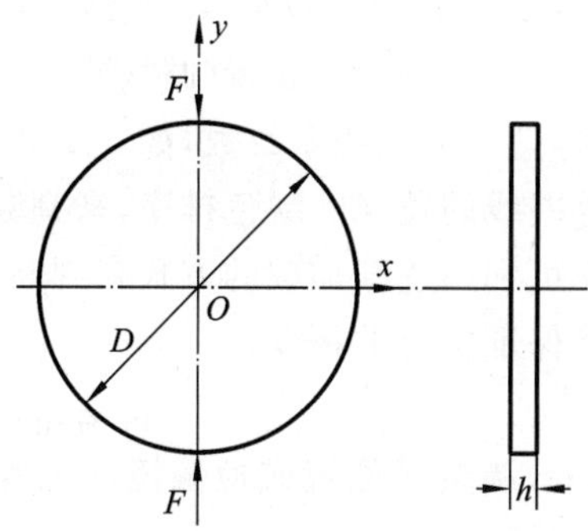

图 3.8　圆盘试样

2. 对径受压圆盘应力的光弹性实验测量

光弹仪是光弹性实验的主要设备，其主要组成元件包括：①漫射光源（白光），②偏振镜片（两片，分为起偏镜与检偏镜），③1/4 波片（两片以相位差 1/2 放置光路中，相当于 1/4 波长光程差），④成像镜，⑤投影屏，⑥加力架，⑦实验模型（环氧树脂圆盘试样）。

光源发出的光通过起偏镜后，形成平面偏振光，当这束平面偏振光垂直入射到受力的光弹模型上一点时，沿该点的主应力 σ_1 和 σ_2 方向分解，由于模型的厚度及光通过模型的传输速度不同产生光程差 $\delta=Ch(\sigma_1-\sigma_2)$，只要测出光程差，就可以确定模型内各点的应力差值，即

$$\sigma_1-\sigma_2=\frac{\delta}{Ch}=\frac{N\lambda}{Ch}=N\frac{f_\sigma}{h}$$

该式表明，主应力差的大小与模型的材料条纹值 f_σ 和干涉条纹级数 N 成正比，与模型厚度 h 成反比。因此当模型厚度 h 一定时，只要找出条纹级数 N，就可以求出主应力差的大小。

在偏振光场中，利用光的干涉原理可以确定出模型上各点条纹级数 N。

四、实验步骤

光弹性仪各光学元件的光轴必须在同一直线上，光弹性仪才能正常工作。实验步骤如下。

(1) 打开光弹仪电源。

(2) 平面偏振布置：

①平行平面偏振布置。在光源后，放置起偏镜和检偏镜，使其偏振轴均对准 0°刻度线，观察到屏幕应是亮场，此即为平行平面偏振布置。将模型放置在两片起偏片之间观察。

平面偏振布置状态下，模型受力后，等倾线和等差线会同时出现，且互相干扰，采用白光进行实验，得到的等倾线为黑色，而等差线则为黄、红、绿的彩色，两种条纹容易区分。

②正交平面偏振布置。使起偏振轴标志对准 0°刻度线不变，旋转检偏镜使其偏振轴标志对准 90°刻度线，观察屏幕应是黑暗场，即是正交平面偏振布置，绘制等倾线图。若屏幕有微亮，则应重新调整。

(3) 光弹仪圆偏振布置。

①双正交圆偏振布置。

在平面正交偏振布置状态下，先装上第一片 1/4 波片，使其快轴对准 45°刻度，屏幕呈现最亮；再加入第二片 1/4 波片，使其慢轴对准反向 45°刻线，屏幕呈现最暗：这时两片 1/4 波片的快轴和慢轴互相垂直，即得双正交圆偏振布置（暗场）。

双正交圆偏振布置可测取等差线的整级条纹数，如 0、1、2、3 级，一般采用白色光找等差线条纹的零级点（黑色），利用等差线的黄、红、绿色排序，来判断高低条纹的走向。如果从力学分析找不到零级条纹的点，亦可利用逐渐加载的方式来判断条纹的级次，描绘和记录等差线条纹级次。使用单色光源，能保证实验的精度。

②平行圆偏振布置的调整。

在正交圆偏振布置的基础上，调整起偏镜或检偏镜的位置，使其互相平行，这样得到平行圆偏振布置，屏幕呈现最亮（明场）。

平行圆偏振布置可用来测定等差线的半级条纹数。如 0、0.5、1.5、2.5 级。

在圆偏振布置条件下，消除了等倾线，只得到了清晰的等差线条纹图案。圆偏振布置是光弹性实验用得较多的实验光路。

(4) 实验结束，卸载，关闭光源。

五、思考题

(1) 试述光弹性实验原理。

(2) 什么是等倾线和等差线？如何区分？

(3) 试述平面正交布置的原理。

(4) 简述正交平面偏振光场布置和正交圆偏振光场布置的步骤。

(5) 如何准确测定材料的条纹值？

附录 A　实验数据处理和不确定度概念

A.1　有效数字

A.1.1　有效数字的位数

用数字表达一个数量时，其中的每一个数字都是准确的、可靠的，而只允许保留最后一位估计数字，这个数量的每一个数字即为有效数字。有效数字示例如图 A.1 所示。

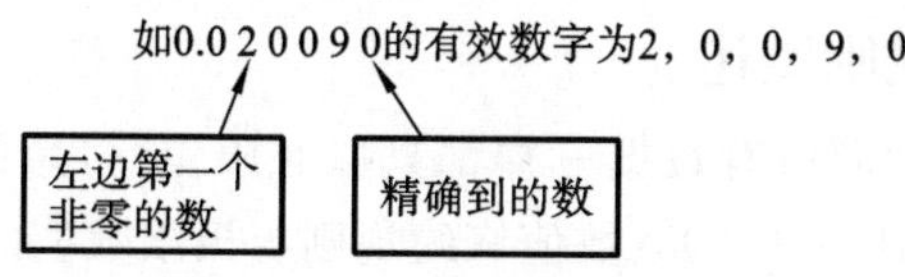

图 A.1　有效数字示例

对于一个近似数，从左边第一个不是 0 的数字起，至精确到的位数为止，所有的数字都叫做这个数的有效数字。

(1)纯粹理论计算的结果：如 π、1/3 等，它们可以根据需要计算到任意位数的有效数字，如 1/3 可以取 0.33，0.333，0.3333，0.33333 等。因此，这一类数其有效数字的位数是无限制的。

(2)测量得到的结果：这一类数其末一位数字往往是估计得来的，因此具有一定的误差和不确定性。例如用游标卡尺测量试样的直径为 9.48 mm，其中百分位是 8，因游标卡尺的精度为 0.02 mm，所以百分位上的 8 已不太精确，而前三位数是肯定准确、可靠的，最后一位数字已带有估计的性质。所以对于测量结果只允许最后一位不准确数字，这是一个四位有效数字的数。

A.1.2　有效数字的运算规则

根据 GB/T 8170—2008《数值修约规则与极限数值的表示和判定》，在近似数运算中，为了确保最后结果尽可能精确，所有参加运算的数据，在有效数字后可多保留一位数字作为参考数字，或称为安全数字。

1. 加减运算

运算结果的有效数字的末位应与小数点位最高的分量末位对齐。

举例：$x = 619.8, y = 8.623, z = 6.34$，则

$$f = x + y - z \approx 619.8 + 8.62 - 6.34 = 634.76 \rightarrow 634.8(\text{cm})$$

结果 634.8 与小数点位最高的分量 619.8 末位对齐。

2. 乘除运算

以有效位数最少的分量为准，将其他分量取到比它多一位，计算结果的有效位数和有效位数最少的分量相同。

举例：$l=18.26$，$t=2.15$，求 $f=\dfrac{l}{\pi t^2}$。

$$f=\frac{l}{\pi t^2}=\frac{18.26}{3.142\times 2.15^2}=1.282$$

最终结果为 1.28。取有效位数最少 2.15 分量的有效位数。

3. 乘方和开方运算

乘方和开方结果有效数字同乘除运算。

4. 函数的运算规则及有效数字

通常函数的有效数字同自变量的有效数字。

A.2 实验数值修约

A.2.1 数值修约规则概述

测量结果及其不确定度同所有数据一样都只取有限位，多余的位应予修约。数值修约规则采用国家标准 GB/T 8170—2008《数值修约规则与极限数值的表示和判定》规定。修约规则与修约间隔有关。

修约间隔是确定修约保留位数的一种方式。修约间隔一经确定，修约值即应为该数值的整数倍。例如，指定修约间隔为 0.1，修约值即应在 0.1 的整数倍中选取；指定间隔为 100，修约值应在 100 的整数倍中选取，相当于将数值修约到“百”数位。

数值修约时首先要确定修约数位，具体规定如下：

(1)指定修约间隔为 10^{-n}（n 为正整数），或指明将数值修约到 n 位小数；

(2)指定修约间隔为 1，或指明将数值修约到个位数；

(3)指定修约间隔为 10^n，或指明将数值修约到 10^n（n 为正整数）。

A.2.2 进舍规则

(1)拟舍弃数字的最右一位小于 5 时，则舍去，即保留各位数字不变。

(2)拟舍弃数字的最右一位大于 5 或是 5，但其后跟有并非全部为 0 的数字时，则进 1，即保留的末尾数字加一。

(3)拟舍弃数字的最右一位为 5，而右面无数字或皆为 0，若保留的末位数字为奇数(1、3、5、7、9)则进 1，为偶数(2、4、6、8、0)则舍去。以上记忆口诀为“5 下舍去 5 上进，5 整单进双舍去”。例：

修约到个位数：12.1498→12

修约到 1 位小数：12.1498→12.1

修约到 2 位小数：12.1498→12.15

修约到 3 位小数：12.1498→12.150

修约到百位数：1298→13×10^2

修约间隔 0.1：1.050→1.0，0.350→0.4

修约间隔10^3：2500→2×10^3，3500→4×10^3

注意：本进舍规则不许连续修约。

例如：修约 97.456，修约间隔为 1。

正确的做法为:97.456→97

不正确的做法为:97.456→97.46→97.5→98

在具体实施中有时先将获得数值按指定位数多一位或几位报出然后再判定。为避免产生连续修约的错误,应按下述步骤进行:

(1)报出数字最后的非 0 数字为 5 时应在数值后加(+)、(-)或不加,以分别表明已进行过舍、进或未舍未进。如 16.50(+)表示实际值大于 16.50,经修约舍弃而成为 16.50。

(2)如判定报出值需修约,当拟舍数字的最左一位为 5,而后面无数字或皆为 0 时,数值后面有(+)者进 1,数值后有(-)者舍去,其他仍按进舍规则进行,如表 A.1 所示。

表 A.1 报出值修约示例

实 测 值	报 出 值	修 约 值
15.454 6	15.5(-)	15
16.520 3	16.5(+)	17
17.500 0	17.5	18

A.2.3 0.5 及 0.2 单位修约

0.5 单位修约法:将拟修约数字乘 2,按指定数位依进舍规则修约,所得数值再除以 2。示例如表 A.2 所示。

表 A.2 0.5 单位修约法示例

拟修约值 (A)	拟修约值乘 2 ($2A$)	$2A$ 修约值 (修约间隔为 1)	A 修约值 (修约间隔为 0.5)
60.25	120.50	120	60.0
60.38	120.75	121	60.5
60.75	121.50	122	61.0

0.2 单位修约法:将拟修约数字乘 5,按指定数位依进舍规则修约,所得数值再除以 5。示例如表 A.3 所示。

表 A.3 0.2 单位修约法示例

拟修约值 (A)	拟修约值乘 5 ($5A$)	$5A$ 修约值 (修约间隔为 1)	A 修约值 (修约间隔为 0.2)
8.42	42.10	42	8.4

A.2.4 最终测量结果修约

最终测量结果应不再含有可修正的系统误差。

力学实验所测定的各项性能指标及测试结果的数值一般是通过测量和运算得到的。由于计算的特点,其结果往往出现多位或无穷多位数字。但这些数字并不是都具有实际意义。在表达和书写这些数值时必须对它们进行修约处理。对数值进行修约之前应明确保留几位数有效数字,也就是说应修约到哪一位数。性能数值的有效位数主要决定于测试的精确度。

例如，某一性能数值的测试精度为±1%，则计算结果保留 4 位或 4 位以上有效数字显然没有实际意义，夸大了测量的精确度。在力学性能测试中测量系统的固有误差和方法误差决定了性能数值的有效位数。

A.3 误差的概念

A.3.1 真值的概念

被测对象的真实值(客观存在的值)即为被测对象的真值。真值往往是未知的，只有三种真值被认为是已知的，即：计量学规定真值、理论真值和相对真值。

计量学规定真值：国际计量大会决议通过定义的某些基准量值，称为计量学规定真值或计量学约定真值。例：长度 1 m 的定义，指光在真空中 1/299 792 458 s 时间内的行程长度。

理论真值：由公认的理论公式导出的结果或由规定真值经过理论公式推导而导出的结果。例：三角形内角之和为 180°，圆周率 $\pi=3.141592\cdots\cdots$。

相对真值：通过计量量值传递而确定的量值基准，算术平均值也可作为相对真值。由此可见，相对真值本身已具有误差。

A.3.2 误差的概念

误差是指某被测量的测量值与其真实值(或称真值)之间的差别。由于真值通常是未知的，因而误差具有不确定性。通常只能估计误差的大小及范围，而不能确切指出误差的大小。由于误差来源和性质的不同，误差表现出各种各样的规律。根据使用目的的不同，常使用不同的表示方法来表示误差的大小。

根据测量对象的不同，测量误差可用多种方法表示。

绝对误差：指测量值与真值之差，即绝对误差＝测量值－真值。

相对误差：有利于评价测量过程的质量和水平，即

$$相对误差=\frac{绝对误差}{被测真值}\times 100\%$$

引用误差：用于衡量仪器的测量误差，即

$$引用误差=\frac{示值误差}{最大示值}\times 100\%$$

误差的来源是多方面的，主要有以下几个方面。

测量装置误差：包括实验设备、测量仪器或仪表带来的误差。如设备加工粗糙、安装调试不当、缺少正确的维护保养、设备磨损等仪器传递误差、非线性、滞后、刻度不准等带来的误差。

测量环境误差：主要指环境的温度、湿度、气压、振动、电场、磁场等与要求的标准状态不一致，引起的测量装置和被测量本身的变化所造成的测量误差。

测量方法误差：指测量的方法不当而引起的测量误差。例如使用钢卷尺测量圆柱体的直径，方法本身就不合理。

测量人员误差：指测量者的分辨能力、熟练程度、精神状态等因素引起的测量误差。

按误差的性质，通常将误差分为随机误差、系统误差和粗大误差三类。

(1)随机误差：在相同条件下，对同一对象进行多次重复测量时，有一种大小和符号(正、

负)都随机变化的误差，该误差被称为随机误差。就单次测量而言，测量中出现的随机误差没有规律，即大小、正负都不确定，但对于多次重复测量，随机误差符合统计规律，可用统计学的方法来处理。大多数随机误差符合正态分布规律。符合正态分布的随机误差具有以下特点。

对称性：绝对值相等的正误差与负误差出现的概率相等。

单峰性：绝对值小的误差出现的概率大，而绝对值大的误差出现的概率小。

有界性：在有限次测量中，随机误差的绝对值不会超过一定界限。

抵偿性：随着测量次数的增加，随机误差 ε_i 的代数和 $\sum_{i=1}^{n}\varepsilon_i$ 趋于零。

(2)系统误差：在相同条件下，对同一对象进行多次测量时，有一种大小和符号都保持不变，或者按某一确定规律变化的误差，称为系统误差。

按系统误差出现的特点以及对测量结果的影响，可分为定值系统误差和变值系统误差两大类。

定值系统误差，在整个测量过程中，误差的大小和符号都是不变的。

变值系统误差，在测量过程中，误差的大小和符号按一定的规律变化。根据变化的规律可分为

①累积性系统误差(或称线性变化系统误差)：在整个测量过程中，随着测量时间的增长或测量数值的增大，误差逐渐增大或减小。

②周期性系统误差：误差的大小和符号呈周期性变化。

③按复杂规律变化的系统误差：这种误差在测量过程中按一定的但比较复杂的规律变化。

图A.2为几种常见的系统误差随时间变化的曲线。

根据对系统误差掌握的程度，系统误差又可分为确定系统误差和不确定系统误差两类。确定系统误差是指误差取值的变化规律和具体数值都已知，通过修正方法可消除的这类系统误差。不确定系统误差是指误差的具体数值、符号(甚至规律)都未确切掌握，但不是随机误差，它没有随机误差的可抵偿性特征的这类系统误差。

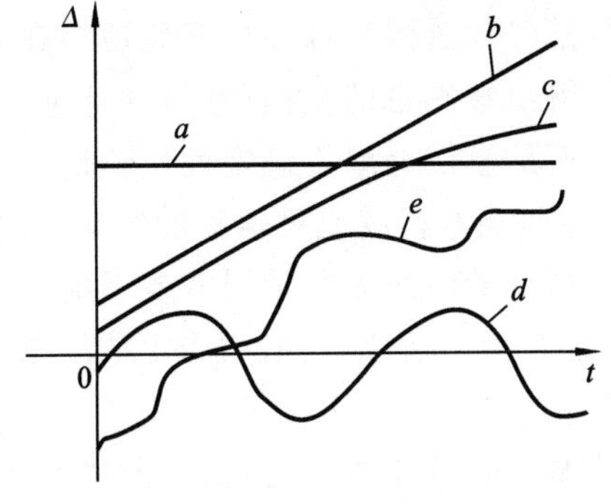

a—定值系统误差
b—线性变化（或近似线性变化）的系统误差
c—非线性变化的系统误差
d—周期性变化的系统误差
e—按复杂规律变化的系统误差

图A.2 几种常见的系统误差

(3)粗大误差：由于测试人员的粗心大意而造成的误差。例如，测试设备的使用不当或测试方法不当，实验条件不合要求，错读、错记、偶然干扰误差等造成明显歪曲测试结果的误

差。粗大误差通常具有明显特点，可以将测量数据从多次测量结果中剔除。

A.3.3　测量数据精度的概念

测量结果与真值的接近程度称为精度，它与误差的大小对应。误差小则精度高，误差大则精度低。目前常用下述三个概念来评价测量精度。

准确度：反映测量结果中系统误差的影响程度，表示测量数据的平均值与被测量真值的偏差。

精密度：反映测量结果中随机误差的影响程度，表示测量数据相互之间的偏差，亦称重复性。精密度高，则测试数据点比较集中。

精确度：反映测量结果中系统误差和随机误差的综合影响程度。精确度高则系数误差和随机误差都小，因而其准确度和精密度必定都高。

准确度、精密度和精确度三者的含义，可用图 A.3 打靶的情况来描述。图中 A.3(a)的精密度很高，即随机误差小，但准确度低，有较大的系统误差；图 A.3(b)表示精密度不如图 A.3(a)，但准确度较图 A.3(a)高，即系统误差不大；图 A.3(c)表示精密度和准确度都高，即随机误差和系统误差都不大，即精确度高。我们希望得到精确度高的测量数据。

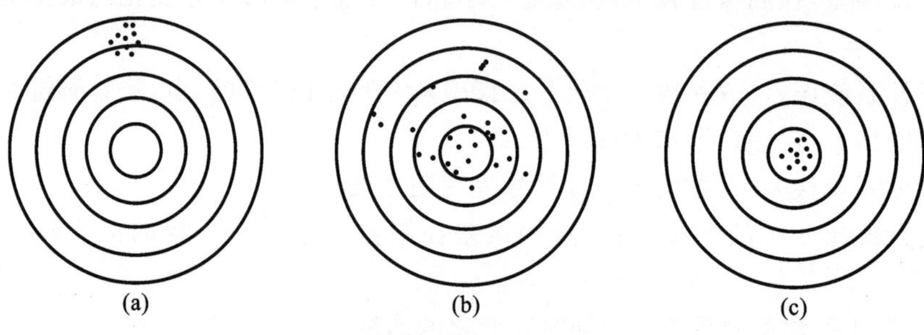

图 A.3　数据精度比较示意图

A.4　测量不确定度

A.4.1　不确定度的概念

测量误差与不确定度是计量测试的基本问题，任何计量测试都不可避免地存在着测量误差或不确定度。计量测试的直接目的，通常在于得出被测量的量值(数值×计量单位)及其测量误差或不确定度。量值体现被测量的大小，而测量误差或不确定性反映量值的可疑程度。也可以从另一个角度说，测量误差或不确定度是测量精度或可信程度的反映，测量误差或不确定度越小，测量精度或可信程度就越高。只有量值而无测量误差或不确定度的数据不是完整的测量结果，也就不具备充分的社会实用价值。所以，实验报告上的结果应给出测量结果的不确定度，测量结果的报告应尽量详细。

完整的测量结果至少含有两个基本量：一是被测量的最佳估计值，在很多情况下，测量结果是在重复观测的条件下确定的；二是描述该测量结果分散性的量，即测量结果不确定度。报告测量结果的不确定性有合成标准不确定度和扩展不确定度两种方式。在报告与表示测量结果及其不确定度时，对两者数值的位数，技术规范 JJF1059.1—2012《测量不确定度评定与表示》做出了相应的规定。它合理地说明了测量值的分散程度和真值所在范围的可靠程度。不确定度亦可理解为一定置信概率下误差限的绝对值。测量不确定度是测量质量的指标，是对测量结果残存误差的评估。

A.4.2　不确定度的分类

不确定段的分类如图 A.4 所示。

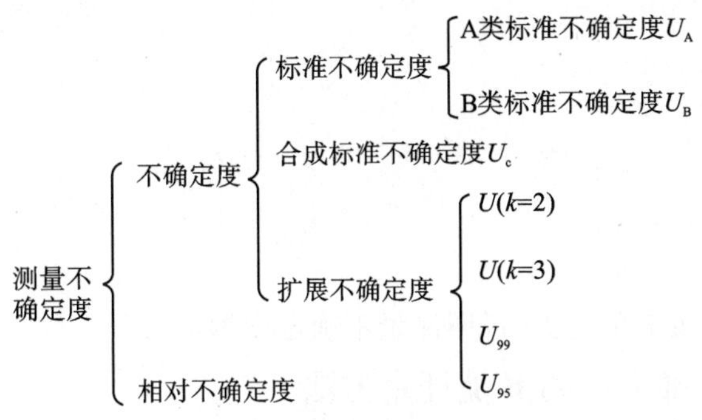

图 A.4　不确定度的分类

(1)标准不确定度 U_A：不确定度是说明测量结果可能的分散程度的参数。可用标准偏差表示，也可用标准偏差的倍数或置信区间的半宽度表示。

A 类标准不确定度 U_B：用统计方法得到的不确定度。

B 类标准不确定度 U_C：用非统计方法得到的不确定度。

(2)合成标准不确定度：由各不确定度分量合成的标准不确定度，称为合成标准不确定度。

(3)扩展不确定度：扩展不确定度是由合成标准不确定度的倍数表示的测量不确定度，即用包含因子 k 乘以合成标准不确定度得到一个区间半宽度，用符号 U 表示。包含因子的取值决定了扩展不确定度的置信水平。扩展不确定度确定了测量结果附近的一个置信区间。通常测量结果的不确定度都用扩展不确定度表示。

由于测量结果中既包括系统误差也包括随机误差，因此测量的不确定度中含有系统误差和随机误差所导致的成分。即：测量结果＝测得值±测量误差(或不确定度)。在国内外的文献中，一般皆将测量不确定度描述为：测量不确定度是测量结果所带有的一个参数，用以表征合理赋予被测量之值的分散性。

A.4.3　不确定度的来源

(1)被测量定义的不完善，实现被测量定义的方法不理想，被测量样本不能代表所定义的被测量。

(2)测量装置或仪器的分辨力、抗干扰能力、控制部分稳定性等影响。

(3)测量环境的不完善对测量过程的影响以及测量人员技术水平等影响。

(4)计量标准和标准物质的值本身的不确定度，在数据简化算法中使用的常数及其他参数值的不确定度，以及在测量过程中引入的近似值的影响。

(5)在相同条件下，由随机因素所引起的被测量本身的不稳定性。

A.5 多次直接测量量的标准不确定度的评定

A.5.1 标准不确定度的A类评定方法

(1) $\bar{x} = \frac{1}{n}\sum_{i=1}^{n} x_i$。

(2) $S(X) = \sqrt{\frac{\sum_{i=1}^{n}(x_i - \bar{x})^2}{n-1}}$,式中自由度为 $\upsilon = n-1$。

(3) $U_A = S(\bar{x}) = \frac{S(X)}{\sqrt{n}}$。

自由度意义:自由度数值越大,说明测量不确定度越可信。

A.5.2 标准不确定度的B类评定方法

由于B类不确定度在测量范围内无法用统计方法评定,方法评定的主要信息来源是以前测量的数据,如生产厂商提供的技术说明书、各级计量部门给出的仪器检定证书可校准证书等。从力学实验教学的实际出发,一般只考虑由仪器误差影响引起的B类不确定度 u_B 的计算。在某些情况下,有的依据仪器说明书或检定书,有的依据仪器的准确定等级,有的则粗略地依据仪器的分度或经验,从这些信息可以获得该项系统误差的极限 Δ,而不是标准不确定度。它们之间的关系为

$$U_B = \frac{\Delta}{C}$$

式中:C 为置信概率 $p=0.683$ 时的置信系数,对仪器的误差服从正态分布、均匀分布、三角分布,C 分别为 3、$\sqrt{3}$、$\sqrt{6}$。大多数力学实验测量可认为一般仪器误差分布函数服从均匀分布,即 $C=\sqrt{3}$(见表A.4)。实验中 Δ 主要与未定的系统误差有关,而未定系统误差主要来自于仪器误差 $\Delta_{仪}$(见表A.5),用仪器误差 $\Delta_{仪}$ 代替 Δ,所以一般B类不确定度为

$$U_B = \frac{\Delta_{仪}}{C}$$

表A.4 几种非正态分布的置信因子 C

分　布	三　角	梯　形	均　匀	反 正 弦
置信因子 C（置信概率 $P=0.683$）	$\sqrt{6}$	$\frac{\sqrt{6}}{\sqrt{1+\beta^2}}$	$\sqrt{3}$	$\sqrt{2}$

表A.5 常用实验设备的 $\Delta_{仪}$ 值

仪 器 名 称	$\Delta_{仪}$
米尺	0.5 mm
游标卡尺	0.02 mm
千分尺	0.005 mm
计时器	仪器最小读数(1 s,0.1 s,0.01 s)

续表

仪 器 名 称	$\Delta_{仪}$
电阻应变仪	1 $\mu\varepsilon$
电子拉伸试验机	10 N或5 N
各类数据仪表	仪器最小计数
电表	K%M(K准确度或级别,M量程)

单次直接测量的标准不确定度的评定：

在实验中，只测一次大体有三种情况：第一，仪器精度较低，偶然误差很小，多次测量读数相同，不必进行多次测量；第二，对测量结果的准确程度要求不高，只测一次就够了；第三，因测量条件的限制（如金属拉伸实验中试样不可重复使用），不可能进行多次测量。在单次测量中，不能用统计方法求标准偏差，因而不确定度可简化为 $U_A = 0$，$U_B = \frac{\Delta_{仪}}{3}$。

A.5.3　合成标准不确定度的计算方法

对于受多个误差来源影响的某直接测量量，被测量量 X 的不确定度可能不止一项，设其有 k 项，且各不确定分量彼此独立，其协方差为零，则用方和根方式合成，不论各分量是由A类评定还是B类评定得到，称合成标准不确定度，用符号 U_C 表示：

$$U_C = \sqrt{\sum_{i=1}^{k} U_i^2}$$

事实上，在大多数情况下，我们遇到的每一类不确定度只有一项，因此，合成标准不确定度计算可简化为

$$U_C = \sqrt{U_A + U_B} = \sqrt{\frac{1}{n(n+1)}\sum_{i=1}^{k}(x_i - \overline{x})^2 + \frac{\Delta_{仪}^2}{3}}$$

评价测量结果，也写出相对不确定度，相对不确定度常用百分数表示。

A.5.4　关于扩展(展伸)不确定度与测量不确定度的报告与表示

扩展不确定度 U 由合成不确定度 U_C 与包含(覆盖)因子 k 的乘积得到，即 $U=U_C\times k$。

包含因子的选取方法有以下几种：

(1)如果无法得到合成标准不确定度的自由度，且测量值接近正态分布时，则一般取 k 的典型值为2或3，通常在工程应用时，按惯例取 $k=3$。

(2)根据测量值的分布规律和所要求的置信水平，选取 k 值。例如，假设为均匀分布时，置信水平 $P=0.95$，查表A.6得到 $k=1.96$。

完整的测量结果应有两个基本量：一是被测量量的最佳估计值，一般由数据测量列的算术平均值给出；另一个就是描述该测量结果分散性的量，即测量不确定度。为方便起见，在实验中一般以合成标准不确定度 U_C 给出，即：

$$x = x \pm U_C\ (置信概率\ P = 68.3\%)$$

$$x = x \pm U\ (置信概率\ P = 95.0\%)$$

表 A.6　正态分布情况下置信概率 P 与包含因子 k 的关系

P/(%)	50	68.27	90	95	95.45	99	99.73
k	0.67	1	1.645	1.960	2	2.576	3

A.5.5　测量不确定度的评定步骤

(1)明确被测量的定义及测量条件、原理、方法和被测量的数学模型，以及所用的测量标准、测量设备等。

(2)分析并列出对测量结果有明显影响的不确定度来源，每个来源为一个标准不确定度分量。

(3)定量评定各不确定度分量，特别注意采用 A 类评定方法时要剔除异常数据。

对直接单次测量，$U_A=0$，$U_B=\frac{\Delta_{仪}}{3}$，$U_C=U_B$。

对直接多次测量，先求测量列算术平均值 $\overline{x}$，再求平均值的实验标准值、A 类标准不确定度、B 类标准不确定度。

(4)计算合成标准不确定度 $U_C=\sqrt{U_A+U_B}$。

(5)计算扩展不确定度 $U=U_C\times k$。

(6)报告测量结果实验中的不确定度简化为：$x=x\pm U$(置信概率 $P=95.0\%$)。

参考文献

[1] 庄表中，王惠明，马景奎. 工程力学的应用、演示和实验[M]. 北京：高等教育出版社，2015.

[2] 胥明，付广龙，黄跃平. 工程力学实验[M]. 南京：东南大学出版社，2017.

[3] 蔡路军，张国强. 工程力学[M]. 武汉：华中科技大学出版社，2020.

[4] 付朝华，胡德贵，蒋小林. 材料力学实验[M]. 北京：清华大学出版社，2010.

[5] 计欣华，邓宗白，鲁阳. 工程实验力学[M]. 北京：机械工业出版社，2019.

[6] 张明，李训涛，苏小光. 力学测试技术基础[M]. 北京：国防工业出版社，2013.

[7] 董雪华，等. 材料力学实验[M]. 北京：国防工业出版社，2011.

[8] 磨季云，等. 工程力学实验教程. [M]. 武汉：湖北科学技术出版社，2002.

[9] 黄剑峰，龙立焱. 材料力学实验指导[M]. 重庆：重庆大学出版社，2013.

[10] SHIMIZU I. Development and application of biaxial compression test device for metallic materials[J]. Experimental Analysis of Nano and Engineering Materials and Structures. Springer，Dordrecht，2007：71-72.

[11] 黄剑峰，龙立焱. 材料力学实验指导[M]. 重庆：重庆大学出版社，2013.

[12] 卢玉林，王丽，卢滔，等. 弯曲梁正应力的弹性力学解及实验分析[J]. 攀枝花学院学报，2014，31(02)：102-104.

[13] 韩芳，磨季云，李明方. 梁弯曲正应力公式适用条件探讨[J]. 高师理科学刊，2016，36(06)：92-94.

[14] 刘五祥. 弯扭组合实验项目的研发[J]. 实验室科学，2018，21(06)：38-40.

[15] ARIFFIN A K，ABDULLAH S，GHAZALI M J，et al. Stress intensity factors under combined bending and torsion moments[J]. Journal of Zhejiang University Science A，2012，13(1)：1-8.

[16] 迟佳囡. 电阻应变计的热输出//中国土木工程学会教育工作委员会. 第六届全国土木工程研究生学术论坛论文集[C]. 中国土木工程学会教育工作委员会：中国土木工程学会，2008：1.

[17] 王洪铎，周勇，石凯，等. 盲孔法残余应力测试中的电阻应变片粘贴技术[J]. 焊管，2009，32(03)：35-37.

[18] 吴祥晨，吴炀杰，王柳烟. 电阻应变片测量电路的灵敏度研究与误差分析[J]. 电子制作，2014(03)：51.

[19] DOBIE W B，ISAAC P C G，CASSIE W F. Electric resistance strain gauges[M]. English Universities Press，1950.

[20] 郑艳，羊海林. 在材料力学实验教学中运用电测法的体会[J]. 科教导刊(上旬刊)，2016(02)：114-115.

[21] 姚恩涛，周克印，董冠强. 等强度梁冲击动应力、动荷系数等参数测定装置的研制[J].

实验技术与管理,2003(01):28-30.

[22] 刘胜新,路王珂,于根杰,等.金属材料力学性能手册.北京:机械工业出版社,2018.

[23] MILLER K J. Metal fatigue—past,current and future[J]. Proceedings of the Institution of Mechanical Engineers,Part C:Mechanical Engineering Science,1991,205(5):291-304.

[24] ZHENG H,WANG D,BEHRINGER R P. Experimental study on granular biaxial test based on photoelastic technique[J]. Engineering Geology,2019,260:105208.

[25] ESHLEMAN R L,EUBANKS R A. On the critical speeds of a continuous rotor[J]. 1969.

[26] 胡永贵.各种无损检测技术的优缺点分析[J].四川水泥,2021(03):50-51.

[27] 中国机械工程学会无损检测分会编.超声波检测[M].北京:机械工业出版社,2000.

[28] 罗鑫锦.电涡流式传感器的突出应用功能[J].中国新通信,2019,21(06):221.

[29] 姚星星.电涡流测距传感器特性研究[J].大学物理实验,2020,33(04):9-13.

[30] 郑志霞,张琴,陈雪娇.传感器与检测技术[M].厦门:厦门大学出版社,2018.